建设工程质量检测人员岗位培训教材

建设工程质量检测人员岗位培训考核大纲

江苏省建设工程质量监督总站 编

中国建筑工业出版社

图书在版编目（CIP）数据

建设工程质量检测人员岗位培训考核大纲/江苏省建
设工程质量监督总站编，—北京：中国建筑工业出版·
社，2009
　（建设工程质量检测人员岗位培训教材）
　ISBN 978-7-112-11087-2

Ⅰ. 建… Ⅱ. 江… Ⅲ. 建筑工程—质量检测—技术培
训—教学大纲 Ⅳ. TU712-41

中国版本图书馆 CIP 数据核字（2009）第107024号

责任编辑：郦锁林
责任设计：郑秋菊
责任校对：陈　波　赵　颖

建设工程质量检测人员岗位培训教材
建设工程质量检测人员岗位培训考核大纲
江苏省建设工程质量监督总站　编

*

中国建筑工业出版社出版、发行（北京西郊百万庄）
各地新华书店、建筑书店经销
南京碧峰印务有限公司制版
北京同文印刷有限责任公司印刷

*

开本：850×1168 毫米　1/16　印张：7¾　字数：224 千字
2010 年 4 月第一版　2010 年 11 月第二次印刷
印数：3001—6000 册　定价：22.00 元
ISBN 978-7-112-11087-2
（18337）

《建设工程质量检测人员岗位培训教材》
编写单位

主编单位: 江苏省建设工程质量监督总站

参编单位: 江苏省建筑工程质量检测中心有限公司

东南大学

南京市建筑安装工程质量检测中心

南京工业大学

江苏方建工程质量鉴定检测有限公司

昆山市建设工程质量检测中心

扬州市建伟建设工程检测中心有限公司

南通市建筑工程质量检测中心

常州市建筑科学研究院有限公司

南京市政公用工程质量检测中心站

镇江建科工程质量检测中心

吴江市交通局

解放军理工大学

无锡市市政工程质量检测中心

南京科杰建设工程质量检测有限公司

徐州市建设工程检测中心

苏州市中信节能与环境检测研究发展中心有限公司

江苏祥瑞工程检测有限公司

苏州市建设工程质量检测中心有限公司

连云港市建设工程质量检测中心有限公司

江苏科永和检测中心

南京华建工业设备安装检测调试有限公司

《建设工程质量检测人员岗位培训教材》
编写委员会

《建设工程质量检测人员岗位培训教材》
审定委员会

前　　言

随着我国建设工程领域内各项法律、法规的不断完善与工程质量意识的普遍提高,作为其中一个不可或缺的组成部分,建设工程质量检测受到了全社会日益广泛的关注。建设工程质量检测的首要任务,是为工程材料及工程实体提供科学、准确、公正的检测报告,检测报告的重要性体现在它是工程竣工验收的重要依据,也是工程质量可追溯性的重要依据,宏观上讲,检测报告的科学性、公正性、准确性关乎国计民生,容不得丝毫轻忽。

《建设工程质量检测管理办法》(建设部第 141 号令)、《江苏省建设工程质量检测管理实施细则》、江苏省地方标准《建设工程质量检测规程》(DGJ 32/J21 - 2009)等的相继颁布实施,为规范建设工程质量检测行为提供了法律依据;对工程质量检测人员的技术素质提出了明确要求。在此基础上,江苏省建设工程质量监督总站组织编写了本套教材。

本套教材较全面系统地阐述了建设工程所使用的各种原材料、半成品、构配件及工程实体的检测要求、注意事项等。教材的编写以上述规范性文件为基本框架,依据相应的检测标准、规范、规程及相关的施工质量验收规范等,结合检测行业的特点,力求使读者通过本教材的学习,提高对工程质量检测特殊性的认识,掌握工程质量检测的基本理论、基本知识和基本方法。

本套教材以实用为原则,它既是工程质量检测人员的培训教材,也是建设、监理单位的工程质量见证人员、施工单位的技术人员和现场取样人员的工具书。本套教材共分九册,分别是《检测基础知识》、《建筑材料检测》、《建筑地基与基础检测》、《建筑主体结构工程检测》、《市政基础设施检测》、《建筑节能与环境检测》、《建筑安装工程与建筑智能检测》、《建设工程质量检测人员岗位培训考核大纲》、《建设工程质量检测人员岗位培训教材习题集》。

本套教材在编写过程中广泛征求了检测机构、科研院所和高等院校等方面有关专家的意见,经多次研讨和反复修改,最后审查定稿。

所有标准、规范、规程及相关法律、法规都有被修订的可能,使用本套教材时应关注所引用标准、规范、规程等的发布、变更,应使用现行有效版本。

本套教材的编写尽管参阅、学习了许多文献和有关资料,但错漏之处在所难免,敬请谅解。为不断完善本套教材,请读者随时将意见和建议反馈至江苏省建设工程质量监督总站(南京市鼓楼区草场门大街 88 号,邮编 210036),以供今后修订时参考。

目　　录

检测基础知识

建筑材料检测

建筑主体结构工程检测

市政基础设施检测

建筑节能与环境检测

建筑安装工程与建筑智能检测

检测基础知识

第一章 概 论

1 建设工程质量检测的目的和意义

1.1 理论知识要求

1.1.1 了解

  (1)建设工程质量检测的目的;

  (2)建设工程质量检测的意义。

1.1.2 熟悉

  建设工程质量检测的特点。

2 建设工程质量检测的历史、现状及发展

2.1 理论知识要求

2.1.1 了解

  (1)建设工程质量检测的历史;

  (2)建设工程质量检测工作的现状。

2.1.2 熟悉

  建设工程质量检测的发展趋势。

3 建设工程质量检测的机构及人员

3.1 理论知识要求

3.1.1 了解

  (1)建设工程质量检测机构的性质和设置的主要条件;

  (2)建设工程质量检测机构的管理。

3.1.2 熟悉

  (1)建设工程质量检测机构的分类;

  (2)建设工程质量检测人员的要求。

第二章　工程质量检测基础知识

1 数理统计

1.1 理论知识要求

1.1.1 了解

(1)基本概念;

(2)随机变量及其分布;

(3)抽样技术。

1.1.2 熟悉

(1)常用分布——正态分布;

(2)随机变量的数字特征;

(3)总体均值和方差的估计。

2 误差分析与数据处理

2.1 理论知识要求

2.1.1 了解

误差的种类、精确度与准确度,误差的表示方法、真值与平均值。

2.1.2 熟悉

(1)数据修约;

(2)试验数据的整理。

3 不确定度原理和应用

3.1 理论知识要求

3.1.1 了解

(1)基本概念;

(2)测量不确定度评定代替误差评定的原因。

3.1.2 熟悉

(1)测量不确定度的来源;

(2)测量不确定度的评定。

4 法定计量单位及其应用

4.1 理论知识要求

4.1.1 了解

我国法定计量单位。

4.1.2 熟悉

计量单位的词头。

4.1.3 掌握

(1)法定计量单位的名称与符号;

(2)我国法定计量单位使用方法。

第三章　建设工程检测新技术简介

1 冲击回波检测技术

1.1 理论知识要求

1.1.1 了解

　　(1)冲击回波测试原理;

　　(2)冲击回波检测方法及结果分析;

　　(3)冲击回波检测技术的工程应用。

2 工程结构动力检测技术

2.1 理论知识要求

2.1.1 了解

　　(1)动力检测的测试方法;

　　(2)动力检测的损伤识别方法。

3 红外热像检测技术

3.1 理论知识要求

3.1.1 了解

　　(1)基本概念;

　　(2)红外热像测试的基本原理;

　　(3)红外热像仪;

　　(4)红外热像检测技术的应用。

4 雷达检测技术

4.1 理论知识要求

4.1.1 了解

　　(1)雷达检测技术的工作原理;

　　(2)雷达检测的仪器设备;

　　(3)雷达检测的方法、技术及数据处理和解释;

　　(4)雷达检测技术在工程中的应用。

5 光纤传感器在工程检测中的应用

5.1 理论知识要求

5.1.1 了解

　　(1)光纤传感器及其特点;

　　(2)光纤结构及传光原理;

　　(3)光纤测试原理;

　　(4)测试方法及结果分析;

　　(5)工程应用。

6 混凝土灌注桩钢筋笼长度检测技术

6.1 理论知识要求

6.1.1 了解

(1)影响混凝土灌注桩钢筋笼长度的主要因素；

(2)检测原理；

(3)仪器设备；

(4)检测方法；

(5)检测数据的分析与判定。

7 桩承载力的荷载自平衡测试方法

7.1 理论知识要求

7.1.1 了解

(1)荷载自平衡测桩法的原理和特点；

(2)试验专用加载油压千斤顶的设计与种类；

(3)试桩加载千斤顶(荷载箱)的放置技术；

(4)桩基自平衡法的测试方法；

(5)桩极限承载力的确定方法；

(6)荷载自平衡法的测桩实例。

建筑材料检测

第一章 见证取样类检测

1 水泥物理力学性能

1.1 考核参数

强度、凝结时间、安定性、胶砂流动度、标准稠度用水量、细度(比表面积)。

1.2 理论知识要求

1.2.1 了解

(1)现行技术标准及规范:

《通用硅酸盐水泥》GB 175—2007;

《水泥标准稠度用水量、凝结时间、安定性检验方法》GB/T 1346—2001;

《水泥胶砂强度检验方法 ISO》GB/T 17671—1999;

《水泥细度检验方法》GB/T 1345—2005;

《水泥比表面积测定方法(勃氏法)》GB/T 8074—2008。

(2)水泥的基本组成及分类。

(3)影响水泥强度及安定性的因素。

1.2.2 熟悉

(1)水泥标准稠度的两种找水方法;

(2)水泥抽样及样品保存方法。

1.2.3 掌握

(1)比表面积不同公式的运用范围;

(2)水泥胶砂强度的计算方法及等级的评定;

(3)水泥安定性、凝结时间的判定方法。

1.3 操作考核要求

1.3.1 了解

(1)水泥胶砂搅拌机、净浆搅拌机、负压筛、振实台、跳桌的校验方法及校核周期;

(2)水泥试验室和养护箱的温、湿度要求,养护池水温及水泥试条水养护的存放要求;

(3)水泥试模拆模的要点及时间上的要求。

1.3.2 熟悉

(1)水泥抗压、抗折时的速度要求;

(2)水泥凝结时间的测定要求。

1.3.3 掌握

(1)水泥胶砂强度的试验步骤;

(2)水泥安定性的试验步骤;

(3)水泥凝结时间的试验步骤;

(4)水泥细度(比表面积)的试验步骤;

(5)水泥胶砂流动度的试验步骤。

2 钢筋(连接件)性能

2.1 考核参数

屈服强度、规定非比例延伸强度 $R_{p0.2}$、抗拉强度、断后伸长率、最大拉力下总伸长率、弯曲。

2.2 理论知识要求

2.2.1 了解

(1)现行技术标准及规范:

《钢筋混凝土用钢第1部分:热轧光圆钢筋》GB 1499.1—2008;

《钢筋混凝土用钢第2部分:热轧带肋钢筋》GB 1499.2—2008;

《冷轧带肋钢筋》GB 13788—2008;

《低碳钢热轧圆盘条》GB/T 701—2008;

《碳素结构钢》GB 700—2006;

《低合金高强度结构钢》GB/T 1591—1994;

《金属材料室温拉伸试验方法》GB/T 228—2002;

《金属材料弯曲试验方法》GB/T 232—1999;

《金属材料线材反复弯曲试验方法》GB/T 238—2002;

《钢筋焊接及验收规程》JGJ1 8—2003;

《钢筋焊接接头试验方法标准》JGJ/T 27—2001;

《钢筋机械连接通用技术规程》JGJ 107—2003。

(2)建筑用钢材的主要种类及检验钢材质量的主要指标。

2.2.2 熟悉

(1)钢材力学性能试验用术语、符号、单位;

(2)钢材屈服强度、规定非比例延伸强度 $R_{p0.2}$、抗拉强度、断后伸长率、最大拉力下总伸长率、弯曲等试验的原理;

(3)钢材力学性能试验的抽样、复验规定。

2.2.3 掌握

(1)钢材力学性能试验数据的计算及数值的修约规定;

(2)各类钢材试验结果的判定;

(3)各类钢材连接件的试验结果的判定。

2.3 操作考核要求

2.3.1 了解

(1)各种试验机的基本性能及适用范围;

(2)试验设备、量具的量程及精度要求;

(3)试验室温度的要求;

(4)样品的制备。

2.3.2 熟悉

(1)钢材标距的确定及如何划分;

(2)拉伸试验中试验速度的控制;

(3)试验机的操作;

(4)试件断裂特征的判定。

2.3.3 掌握

（1）拉伸试验方法；

（2）弯曲试验方法。

3 砂、石常规

3.1 砂常规

3.1.1 考核参数

筛分析(颗粒级配)、表观密度、吸水率、含泥量、堆积密度、紧密密度、含水率、泥块含量、人工砂或混合砂石粉含量、人工砂总压碎值、有机物含量、云母含量、轻物质含量、坚固性、硫化物及硫酸盐含量、氯离子含量、海砂中贝壳含量、碱活性试验。

3.1.2 理论知识要求

3.1.2.1 了解

（1）现行技术标准及规范：

《普通混凝土用砂、石质量及检验方法标准》JGJ 52—2006；

《建筑用砂》GB/T 14684—2001。

（2）砂试验的基本术语和符号。

3.1.2.2 熟悉

（1）砂的分类、分级、颗粒级配区的划分、砂中含泥量和泥块含量、人工砂或混合砂石粉含量、人工砂总压碎值、坚固性指标、有害物质限值的规定；

（2）筛分析试验、表观密度、堆积密度、紧密密度、含泥量、泥块含量检测方法原理；

（3）砂的取样与缩分方法。

3.1.2.3 掌握

（1）筛分析试验的计算方法；

（2）各项试验的要求试验次数及结果判定方法。

3.1.3 操作考核要求

3.1.3.1 了解

（1）试验筛、天平、烘箱等砂试验常用仪器的性能及适用范围；

（2）各项试验对所用仪器设备的精度及量程要求；

（3）各项试验的样品数量及制备方法。

3.1.3.2 熟悉

（1）砂的吸水率、人工砂或混合砂石粉含量、人工砂总压碎值、有机物含量、云母含量、轻物质含量、坚固性、硫化物及硫酸盐含量、氯离子含量、海砂中贝壳含量、碱活性试验的检测程序及试验要求；

（2）试验筛的操作以及天平、量筒等常用计量器具的使用；

（3）化学溶液的配置。

3.1.3.3 掌握

（1）筛分析试验的试验步骤；

（2）含泥量试验的试验步骤；

（3）泥块含量试验的试验步骤；

（4）含水率试验的试验步骤；

（5）表观密度测定的试验步骤；

（6）堆积密度测定的试验步骤；

（7）紧密密度测定的试验步骤。

3.2 石常规

3.2.1 考核参数

筛分析（颗粒级配）、表观密度、含水率、吸水率、堆积密度、紧密密度、含泥量、泥块含量、针状和片状颗粒的总含量、有机物含量、坚固性、岩石的抗压强度、压碎指标值、硫化物及硫酸盐含量、碱活性试验（碱骨料反应）。

3.2.2 理论知识要求

3.2.2.1 了解

(1) 现行技术标准及规范：

《普通混凝土用砂、石质量及检验方法标准》JGJ 52—2006；

《建筑用卵石、碎石》GB/T 14685—2001。

(2) 石试验的基本术语和符号。

3.2.2.2 熟悉

(1) 石的颗粒级配区的划分及评定、石中针片状颗粒含量、含泥量、泥块含量、压碎指标值、坚固性、有害物质含量的规定；

(2) 筛分析试验、含泥量、泥块含量、针状和片状颗粒的总含量、压碎指标值的检测方法原理；

(3) 石的取样与缩分方法。

3.2.2.3 掌握

(1) 筛分析试验的计算方法；

(2) 各项试验的要求试验次数及结果判定方法。

3.2.3 操作考核要求

3.2.3.1 了解

(1) 试验筛、天平、台秤、烘箱等石试验常用仪器的性能及适用范围；

(2) 各项试验对所用仪器设备的精度及量程要求；

(3) 各项试验的样品数量及制备方法。

3.2.3.2 熟悉

(1) 石的吸水率、有机物含量、坚固性、硫酸盐含量、硫化物含量、碱活性试验（碱骨料反应）的检测程序及试验要求；

(2) 试验筛、针片状规准仪、压碎指标测定仪的操作以及天平、量筒等常用计量器具的使用；

(3) 化学溶液的配置。

3.2.3.3 掌握

(1) 筛分析试验的试验步骤；

(2) 含泥量试验的试验步骤；

(3) 泥块含量试验的试验步骤；

(4) 含水率试验的试验步骤；

(5) 表观密度测定的试验步骤；

(6) 堆积密度测定的试验步骤；

(7) 紧密密度测定的试验步骤；

(8) 针状和片状颗粒的总含量测定的试验步骤；

(9) 压碎指标值测定的试验步骤。

4 混凝土、砂浆性能

4.1 混凝土配合比

4.1.1 考核参数

混凝土拌合物取样及制样、稠度、凝结时间、泌水与压力泌水、表观密度、含气量、配合比设计步骤。

4.1.2 理论知识要求

4.1.2.1 了解

(1)现行技术标准及规程：

《普通混凝土拌合物性能试验方法标准》GB/T 50080—2002；

《普通混凝土配合比设计规程》JGJ 55—2000。

(2)混凝土组成和分类。

(3)混凝土拌合物各项性能测定时对环境的要求。

(4)施工配合比的确定。

4.1.2.2 熟悉

(1)混凝土拌合物的三性和检查方法；

(2)试配调整和水灰比调整方法；

(3)配合比用水量确定方法。

4.1.2.3 掌握

(1)拌合物混凝土性能；

(2)配制强度计算方法；

(3)鲍罗米公式中各项的意义和公式适用范围；

(4)混凝土配合比计算步骤。

4.1.3 操作考核要求

4.1.3.1 了解

(1)机械拌合加料顺序；

(2)含气量测定仪测定原理。

4.1.3.2 熟悉

(1)拌合物原材料称量精度要求；

(2)表观密度容量筒标定方法；

(3)凝结时间试验步骤；

(4)含气量测定仪的操作。

4.1.3.3 掌握

(1)坍落度测定步骤；

(2)表观密度测定步骤；

(3)泌水测定步骤；

(4)混凝土拌合物含气量试验步骤；

(5)作图法确定理论配合比方法。

4.2 混凝土物理力学性能

4.2.1 考核参数

抗压强度、轴心抗压强度、静力受压弹性模量、劈裂抗拉强度、抗折强度、抗冻性、动弹性模量、抗渗性、收缩、受压徐变、碳化、混凝土中钢筋锈蚀、抗压疲劳强度。

4.2.2 理论知识要求

4.2.2.1 了解

(1)现行技术标准及规范：

《普通混凝土力学性能试验方法标准》GB/T 50081—2002；

《普通混凝土长期性能和耐久性能试验方法》GBJ 82—1985。

（2）各考核参数的概念。

4.2.2.2 熟悉

（1）混凝土物理力学性能；

（2）各考核参数的检测方法原理。

4.2.2.3 掌握

（1）抗压强度试验结果的计算；

（2）混凝土抗渗等级的计算；

（3）混凝土抗折强度的计算。

4.2.3 操作考核要求

4.2.3.1 了解

（1）检测所需仪器设备（变形测量仪、动弹性模量测定仪、气体分析仪）的适用范围及性能；

（2）受压徐变、碳化、混凝土中钢筋锈蚀、抗压疲劳强度试验的要求；

（3）各考核参数试验中试件的尺寸、形状和公差。

4.2.3.2 熟悉

（1）轴心抗压强度、静力受压弹性模量、劈裂抗拉强度、动弹性模量、收缩性能试验要求；

（2）检测所需仪器设备的操作方法。

4.2.3.3 掌握

（1）混凝土抗压强度试验方法；

（2）混凝土抗冻性试验步骤；

（3）混凝土抗渗性试验步骤；

（4）混凝土抗折强度试验方法。

4.3 砂浆性能

4.3.1 考核参数

砂浆配合比设计、稠度、密度、分层度、凝结时间、立方体抗压强度、保水性、拉伸粘结强度、吸水率、抗渗性能、抗冻性能、收缩、静力受压弹性模量。

4.3.2 理论知识要求

4.3.2.1 了解

（1）检测项目执行的现行标准：

《砌筑砂浆配合比设计规程》JGJ 98—2000；

《建筑砂浆基本性能试验方法》JGJ 70—2009。

（2）砂浆的组成及分类。

（3）砌筑砂浆对组成材料的基本要求。

（4）各项试验的试验条件。

4.3.2.2 熟悉

（1）拌合物取样及试样制备要求；

（2）砂浆的强度等级及表示形式；

（3）拉伸粘结强度的试验原理；

（4）保水性、吸水率、抗渗性能的试验步骤。

4.3.2.3 掌握

（1）砌筑砂浆试配强度计算公式及公式中各项参数的意义；

（2）干燥收缩计算公式及测试龄期；

（3）试验结果的评定及数字修约。

4.3.3 操作考核要求

4.3.3.1 了解

(1)检测所需的仪器设备(砂浆稠度测定仪、砂浆密度测定仪、分层度测定仪、凝结时间测定仪)及其适用范围;

(2)各种砂浆的标准条件;

(3)各试验参数的试样数量、尺寸大小及公差要求。

4.3.3.2 熟悉

(1)砌筑砂浆配合比设计的操作程序;

(2)稠度仪、贯入阻力仪的使用方法;

(3)抗冻性能及收缩性能的试验要求。

4.3.3.3 掌握

(1)砂浆稠度的试验步骤;

(2)表观密度的试验步骤;

(3)分层度的试验步骤;

(4)凝结时间的测定方法;

(5)立方体抗压强度的测定方法。

5 简易土工

5.1 考核参数

含水率、密度、压实度、击实次数。

5.2 理论知识要求

5.2.1 了解

现行国家标准:

《土工试验方法标准》GB/T 50123—1999。

5.2.2 熟悉

含水率的试验方法。

5.2.3 掌握

(1)密度压实度中环刀法、灌砂法试验方法;

(2)击实的试验方法。

5.3 操作考核要求

5.3.1 了解

击实仪的性能和使用方法。

5.3.2 熟悉

(1)击实试验中干、湿法样品的制备;

(2)含水率试验取样要求。

5.3.3 掌握

(1)密度压实度中环刀法、灌砂法试验步骤;

(2)击实试验步骤。

6 混凝土掺加剂

6.1 混凝土外加剂

6.1.1 考核参数

减水率、泌水率比、含气量、凝结时间之差、抗压强度比、收缩率比、相对耐久性指标对钢筋锈蚀作用、含固量或含水量、密度、氯离子含量、水泥净浆流动度、细度、pH 值、总碱量、硫酸钠、砂浆减水率。

6.1.2 理论知识要求

6.1.2.1 了解

(1)现行技术标准及规范:

《混凝土外加剂》GB 8076—2008;

《混凝土外加剂匀质性试验方法》GB/T 8077—2000。

(2)外加剂的种类及用途。

6.1.2.2 熟悉

(1)不同外加剂的技术指标;

(2)试验所需各类材料的技术要求。

6.1.2.3 掌握

(1)混凝土配合比的计算;

(2)各考核参数试验结果的计算。

6.1.3 操作考核要求

6.1.3.1 了解

(1)检测所需仪器设备(含气量测定仪、混凝土贯入阻力仪、混凝土收缩仪、钢筋锈蚀仪、火焰光度计、液体比重天平)的适用范围及性能;

(2)试验阶段对试验室环境的要求。

6.1.3.2 熟悉

(1)含固量、含水量、密度、氯离子含量、细度、pH 值、总碱量、硫酸钠试验步骤及试验要求。

(2)有关化学试剂的配制。

6.1.3.3 掌握

(1)减水率试验步骤;

(2)泌水率试验步骤;

(3)含气量试验步骤;

(4)抗压强度试验步骤;

(5)收缩率试验步骤;

(6)相对耐久性试验步骤。

6.2 粉煤灰

6.2.1 考核参数

细度、需水量比、烧失量、含水量、三氧化硫、安定性、游离氧化钙、强度活性指数。

6.2.2 理论知识要求

6.2.2.1 了解

(1)现行技术标准及规范:

《用于水泥和混凝土中的粉煤灰》GB/T 1596—2005;

(2)不同用途粉煤灰的技术要求。

6.2.2.2 熟悉

(1)各检测参数的技术指标;

(2)各检测参数的检测方法原理;

(3)检验结果的评定;

(4)取样方法。

6.2.2.3 掌握

各检测参数中公式的计算方法。

6.2.3 操作考核要求

6.2.3.1 了解

(1)检测所需仪器设备的适用范围及性能;

(2)强度活性指数检测的环境要求。

6.2.3.2 熟悉

强度活性指数检测的操作程序。

6.2.3.3 掌握

(1)细度试验步骤;

(2)需水量比试验步骤;

(3)烧失量试验步骤;

(4)含水量试验步骤;

(5)三氧化硫试验步骤;

(6)安定性试验步骤;

(7)游离氧化钙试验步骤。

7 沥青、沥青混合料

7.1 沥青

7.1.1 考核参数

软化点、针入度、延度、溶解度、薄膜烘箱试验、闪点与燃点、脆点、蒸发损失。

7.1.2 理论知识要求

7.1.2.1 了解

(1)现行技术标准及规范:

《城镇道路工程施工与质量验收规范》CJJ 1—2008;

《沥青路面施工及验收规范》GB 50092—1996;

《公路沥青路面施工技术规范》JTG F 40—2004;

《石油沥青取样法》GB 11147—1989;

《建筑石油沥青》GB/T 494—1998;

《沥青软化点测定法(环球法)》GB/T 4507—1999;

《沥青针入度测定法》GB/T 4509—1998;

《沥青延度测定法》GB/T 4508—1999;

《石油沥青溶解度测定法》GB 7148—2008;

《石油沥青薄膜烘箱试验法》GB/T 5304—2001;

《石油产品闪点与燃点测定法(开口杯法)》GB 267—1988;

《石油沥青脆点测定法 弗拉斯法》GB 4510—2006;

《石油沥青蒸发损失测定法》GB 7964—2008;

《公路工程沥青及沥青混合料试验规程》JTJ 052—2000;

《防水沥青与防水卷材术语》GB/T 18378—2001。

(2)石油沥青技术指标的基本概念及防水沥青术语。

7.1.2.2 熟悉

(1)建筑石油沥青、道路石油沥青技术指标;

(2)石油沥青针入度、延度、软化点检测方法原理;

(3)石油沥青溶解度、薄膜烘箱试验、闪点与燃点、脆点、蒸发损失检测方法原理;

(4)石油沥青取样方法。

7.1.2.3 掌握

(1)根据品种及设计要求选取适当的试验方法；

(2)针入度测定法的适用范围以及针入度、延度、软化点的数据处理及结果评定；

(3)溶解度、薄膜烘箱试验、闪点与燃点、脆点、蒸发损失的数据处理及结果评定。

7.1.3 操作考核要求

7.1.3.1 了解

(1)检测仪器设备(针入度计、延度仪、沥青软化点测定器)的性能、适用范围及一般要求；

(2)仪器设备校准方面的知识；

(3)检测环境的要求；

(4)各种试样制作、冷却及定温要求。

7.1.3.2 熟悉

(1)检测程序及试验要求；

(2)仪器设备的操作方法。

7.1.3.3 掌握

(1)针入度、延度、软化点的试验步骤；

(2)软化点升温速度的控制；

(3)溶解度、薄膜烘箱试验、闪点与燃点、脆点、蒸发损失的试验步骤。

7.2 沥青混合料

7.2.1 考核参数

密度、马歇尔稳定度、浸水马歇尔试验、沥青含量、矿料级配、饱水率、劈裂、弯曲、收缩系数、车辙试验、沥青混合料配合比设计。

7.2.2 理论知识要求

7.2.2.1 了解

(1)《公路工程沥青及沥青混合料试验规程》JTJ 052—2000；

(2)《沥青路面施工及验收规范》GB 50092—1996；

(3)沥青混合料配合比设计方法；

(4)上述标准中的相关内容。

7.2.2.2 熟悉

(1)沥青混合料的种类；

(2)各检测参数的检测目的；

(3)密度试验方法的适用范围。

7.2.2.3 掌握

(1)马歇尔稳定度试验方法；

(2)沥青含量、矿料级配试验方法；

(3)密度试验方法。

7.2.3 操作考核要求

7.2.3.1 了解

(1)浸水力学天平、马歇尔稳定度仪、抽提设备的性能；

(2)矿料级配试验用筛孔径及排列顺序。

7.2.3.2 熟悉

(1)浸水力学天平、马歇尔稳定度仪、抽提设备的操作方法；

（2）马歇尔稳定度试件的制备方法和要求。

7.2.3.3 掌握

（1）密度试验操作步骤；

（2）马歇尔稳定度操作步骤；

（3）沥青含量操作步骤；

（4）矿料级配操作步骤。

8 预应力钢绞线、锚夹具

8.1 预应力钢材（钢绞线、钢丝、钢棒、螺纹钢筋）

8.1.1 钢绞线、碳素钢丝

8.1.1.1 考核参数

直径、弹性模量、屈服强度、延伸率、极限抗拉强度、屈强比、松弛率。

8.1.1.2 理论知识要求

8.1.1.2.1 了解

（1）钢绞丝、碳素钢丝的分类、规格、品种及执行标准；

（2）钢绞线、碳素钢丝原材料的规格、品种对钢绞线和钢丝成品的影响；

（3）钢绞线、碳素钢丝的强度等级划分；

（4）钢绞线国家产品标准 GB/T 5224—2003 和美国标准 ASTM·A416—06a；

（5）钢丝国家产品标准 GB/T 5223—2002；

（6）钢棒标准 GB/T5233—2005；

（7）预应力混凝土用螺纹钢筋 GB/T 20065—2007。

8.1.1.2.2 熟悉

（1）预应力钢绞线和碳素钢丝及预应力螺纹钢筋的主要力学性能指标要求；

（2）产品标准和相关试验方法标准以及方法原理。

8.1.1.2.3 掌握

（1）钢绞线力学性能指标的计算方法、结果取舍、保留位数及试验结果判定；

（2）碳素钢丝力学性能指标的计算方法和试验结果判定方法；

（3）预应力螺纹钢筋力学性能指标的计算方法和试验结果的判定方法；

（4）不合格后的复检和取样要求。

8.1.1.3 操作要求

8.1.1.3.1 了解

（1）钢绞线、碳素钢丝和螺纹钢筋的试样要求和尺寸要求；

（2）检测钢绞线对试验夹具的要求；

（3）钢纹线松弛试验的环境条件和松弛试验的加载试验设备。

8.1.1.3.2 熟悉

（1）钢绞线直径的测量方法（卡尺和称重法）；

（2）应变测量仪器的标距选择要求和安装方法；

（3）松弛试验、试件安装要求。

8.1.1.3.3 掌握

（1）检测钢绞线弹性模量的荷载取值和荷载分级方法；

（2）屈服荷载的确定方法；

（3）最大力的伸长率测试方法；

（4）试验机加载速度的控制方法；

(5)松弛试验的加载和量测方法。

8.1.2 预应力混凝土用螺纹钢筋

8.1.2.1 考核参数

直径、弹性模量、屈服强度、延伸率、极限抗拉强度。

8.1.2.2 理论知识要求

8.1.2.2.1 了解

(1)螺纹钢筋的规格、品种及强度等级划分；

(2)螺纹钢筋的企业产品标准和国家产品标准；

(3)螺纹钢筋的反复弯曲性能不作为交货条件；

(4)交通部公路规划设计院《预应力高强精轧螺纹粗钢筋设计施工暂行规定》1984 年；

(5)《公路桥涵施工技术规范》JTJ 041—2000 预应力部分及附录；

(6)《预应力混凝土用螺纹钢筋》GB/T 20065—2007。

8.1.2.2.2 熟悉

(1)预应力螺纹钢筋的国家标准的有关规定及试验方法标准；

(2)预应力螺纹钢筋连接器的安装和试验方法要求；

(3)预应力螺纹钢筋的用途和使用方法。

8.1.2.2.3 掌握

(1)预应力螺纹钢筋的力学性能检测结果的取舍、判定标准；

(2)预应力螺纹钢筋强度等级和延伸率的判定方法。

8.1.2.3 操作要求

8.1.2.3.1 了解

预应力螺纹钢筋的试样要求、尺寸要求。

8.1.2.3.2 熟悉

预应力螺纹钢筋的各检测项目及检测仪器的操作方法。

8.1.2.3.3 掌握

(1)预应力螺纹钢筋各检测项目的试验方法和数据的采集方法；

(2)拉伸试验加载方法、加载速度。

8.2 预应力锚具、夹具和连接器

8.2.1 考核参数

外观、硬度、锚具效率系数、总应变、钢绞线和夹片内缩量。

8.2.2 理论知识要求

8.2.2.1 了解

(1)预应力锚夹具的分类、品种、规格及执行标准；

(2)锚夹具硬度的执行标准(企业标准)及国家产品标准对硬度的检测要求；

(3)锚夹具几中常用硬度指标(HB、HRB、HRC、HRA)的区别；

(4)锚夹具和连接器静载试验对试验台座和加载设备的要求以及主要检测指标；

(5)现行执行标准：国家产品标准《预应力锚具、夹具和连接器》GB/T 14370—2007 和《预应力锚具、夹具和连接器的应用技术规程》JGJ 85—2002；

(6)《铁路产品认证应用规范》CRCC/T 005—2007——铁路工程预应力筋用夹片试锚具、夹具和连接器技术条件。

8.2.2.2 熟悉

(1)国家产品标准和应用技术规程中的有关对锚夹具硬度的抽样比例规定和静载试验抽样规

定；

(2)国家产品标准和应用技术规程中对不同锚具试验检测方法的要求；

(3)锚夹具硬度检测方法要求和国家标准对锚具、夹具和连接器静载锚固性能试验所要求的检测项目和检测要求。

8.2.2.3 掌握

(1)锚夹具几种常用硬度指标的换算方法、数据保留位数及判定依据；

(2)锚具效率系数和极限总应变的计算方法及判定标准；

(3)对锚夹具效率系数判定方法与锚具效率系数的不同要求；

(4)不合格后的复检及取样要求。

8.2.3 操作要求

8.2.3.1 了解

(1)锚夹片硬度检测要求；

(2)锚夹片的试样数量和试样外观要求；

(3)锚夹具静载试验前的技术准备要求,锚夹具外观检查、硬度检验、钢绞线检验等全部合格后方可进行组装件试验；

(4)锚夹具静载试验的加载千斤顶及力传感器的计量标定及标定方法。

8.2.3.2 熟悉

(1)洛氏硬度计的操作方法及硬度数据的采集方法；

(2)夹片试样的表面处理方法和操作时的要求；

(3)静载试验的锚具、夹具和连接器、钢绞线与加载设备的组装要求以及组装前对锚夹片的清洗要求；

(4)对特殊锚具——扁锚的静载试验安装要求和检测方法。

8.2.3.3 掌握

(1)锚夹片不同硬度指标的检测方法；

(2)锚夹具、连接器静载组装件试验的组装方法和尺寸要求；

(3)与连接器配套的 P 型锚的挤压方法和性能检测方法；

(4)锚夹具、连接器静载锚固性能试验的加载程序和加载方法、钢绞线张拉伸长值的测量方法、钢绞线和夹片回缩量的测量方法；

(5)扁锚的静载试验方法。

8.3 预应力混凝土留孔用波纹管

8.3.1 考核性能参数

(1)金属波纹管:外观、尺寸、钢带厚度、波高、径向刚度、抗渗漏等。

(2)塑料波纹管:外观、尺寸、材料壁厚、环刚度、局部横向荷载、柔韧性、抗冲击性、密封性等。

8.3.2 理论知识要求

8.3.2.1 了解

(1)现行技术标准及规范：

《预应力混凝土用金属波纹管》JG 225—2007；

《预应力混凝土桥梁用塑料波纹管》JT/T 529—2004；

《塑料管材尺寸测量方法塑料部件尺寸的测定》GB/T 8806—2008；

《热塑性塑料管材环刚度的测定》GB/T 9647—2003；

(2)金属波纹管的规格、品种及主要性能指标要求；

(3)塑料波纹管的规格、品种及主要性能指标要求。

8.3.2.2 熟悉

(1)金属波纹管主要性能指标径向刚度(集中荷载和均布荷载下)的基本概念和试验方法原理;

(2)塑料波纹管的主要性能指标环刚度和局部横向荷载的基本概念和试验方法原理;

(3)现行执行标准中有关检测方法要求。

8.3.2.3 掌握

(1)金属波纹管的分类、标记;

(2)金属波纹管集中荷载和均布荷载下径向刚度的计算方法;

(3)塑料波纹管环刚度和局部横向荷载的性能计算方法;

(4)试验检测结果的判定方法和判定标准;

(5)不合格后的复验及取样要求。

8.3.3 操作要求

8.3.3.1 了解

(1)金属波纹管的试样和试样尺寸要求、取样数量、钢带的取样;

(2)塑料波纹管的试样尺寸要求、取样数量等;

(3)试验设备和量测仪表的性能要求。

8.3.3.2 熟悉

(1)金属波纹管的外观、尺寸检测要求、钢带厚度测量工具和要求;

(2)金属波纹管集中和均布荷载下径向刚度的加载装置和试件安装方法;

(3)金属波纹管抗渗漏的试验方法要求和试件要求;

(4)塑料波纹管外观、尺寸的检测要求;

(5)塑料波纹管环刚度和局部横向荷载的试验方法;

(6)塑料波纹管抗冲击的试验装置、试验高度等要求。

8.3.3.3 掌握

(1)金属波纹管外观、尺寸的检测内容、测量方法、钢带厚度的测量方法;

(2)金属波纹管集中荷载和均布荷载下径向刚度的试验加载方法和试验步骤;

(3)金属波纹管抗渗漏试验方法;

(4)塑料波纹管外观、尺寸的测量方法;

(5)塑料波纹管的环刚度试验加载方法和试验步骤;

(6)塑料波纹管局部横向荷载的加载方法和试验步骤;

(7)塑料波纹管抗冲击的试验方法。

第二章　墙体、屋面材料检测

1 砌块

1.1 考核参数

外观质量、尺寸偏差、含水率、吸水率、相对含水率、抗冻性、抗渗性、抗压、干燥收缩、导热系数（干态）、碳化系数、软化系数、块体密度、空心率。

1.2 理论知识要求

1.2.1 了解

（1）现行技术标准及规范：

《蒸压加气混凝土砌块》GB/T 11968—2006；

《混凝土小型空心砌块试验方法》GB/T 4111—1997；

《蒸压加气混凝土性能试验方法》GB/T 11969～11975—2008。

（2）砌块的种类及定义；

（3）导热系数（干态）、干燥收缩、碳化系数、软化系数的检测原理。

1.2.2 熟悉

外观质量、尺寸偏差的数量及检测方法。

1.2.3 掌握

不同砌块试验结果的计算和判定依据。

1.3. 操作考核要求

1.3.1 了解

各检测对温度、湿度的要求。

1.3.2 熟悉

（1）各种试验所需的样品数量和制备的方法；

（2）含水率、吸水率、相对含水率的检测程序；

（3）块体密度、空心率的检测程序。

1.3.3 掌握

（1）抗压强度的试验步骤；

（2）抗渗试验的试验步骤；

（3）抗冻试验的试验步骤；

（4）块体密度的试验步骤；

2 砖

2.1 考核参数

尺寸偏差、外观质量、强度等级、泛霜、吸水率和饱和系数、石灰爆裂、冻融、抗弯曲性能、体积密度、干燥收缩性能、软化系数、碳化系数。

2.2 理论知识要求

2.2.1 了解

（1）现行技术标准及规范：

《砌墙砖试验方法》GB/T 2542—2003；

《烧结空心砖、空心砌块》GB/T 3544—2003；

《烧结普通砖》GB 5101—2003；

《烧结多孔砖》GB 13544—2000；

《粉煤灰砖》JC 239—2001；

《混凝土普通砖和装饰砖》NY/T 671—2003

《混凝土实心砖》GB/T 21144—2007

(2)各类砖的种类,规格尺寸及各项试验取样数量。

2.2.2 熟悉

(1)各类砖的试验环境温度、湿度及时间；

(2)石灰爆裂、泛霜的试验方法。

2.2.3 掌握

各类砖试验结果的计算方法、判定依据。

2.3 操作考核要求

2.3.1 了解

(1)各类砖的样品制备、表面处理；

(2)所用仪器设备(砖用卡尺、低温箱、试验机、鼓风干燥箱、台秤、收缩仪)的性能精度及使用要求。

2.3.2 熟悉

(1)吸水率及饱和系数的试验方法；

(2)外观质量、尺寸偏差、冻融的试验方法。

2.3.3 掌握

各类砖的抗压试验步骤。

3 轻质混凝土板材

3.1 考核参数

外观质量、尺寸偏差、立方体抗压强度、干体积密度、板的抗弯性能和挠度、防锈材料的防锈性能、干燥收缩、导热系数(干态)。

3.2 理论知识要求

3.2.1 了解

(1)现行技术标准及规范：

《蒸压加气混凝土板》GB 15762—1995；

《轻量气泡混凝土板(ALC)板》JIS A 5416:2007。

(2)导热系数(干态)、干燥收缩的检测原理。

3.2.2 熟悉

板的抗弯性能和挠度的检测方法。

3.2.3 掌握

蒸压轻质加气混凝土板试验结果的计算和判定依据。

3.3 操作考核要求

3.3.1 了解

各项检测项目对温度、湿度的要求。

3.3.2 熟悉

(1)各种试验所需的样品数量和制备方法；

(2)防锈材料的防锈性能。

3.3.3 掌握

（1）立方体抗压强度的试验步骤；

（2）板的抗弯性能和挠度的试验步骤。

4 屋面瓦

4.1 考核参数

尺寸偏差、外观质量、石灰爆裂、抗冻性能、抗弯曲性能、承载力、抗渗性能、耐急冷急热、吸水率。

4.2 理论知识要求

4.2.1 了解

（1）现行技术标准及规范：

《烧结瓦》GB/T 21149—2007；

《混凝土瓦》JC 746—2007。

（2）烧结瓦的品种，混凝土瓦的各部位名称。

4.2.2 熟悉

（1）各类瓦的试验环境温度、湿度及时间；

（2）石灰爆裂、耐急冷急热的试验方法。

4.2.3 掌握

各类瓦试验结果的计算方法、判定依据。

4.3 操作考核要求

4.3.1 了解

各类瓦检测所用仪器设备（低温箱、试验机、鼓风干燥箱、台秤）的性能精度及使用要求。

4.3.2 熟悉

（1）吸水率的试验方法；

（2）外观质量、尺寸偏差、抗渗性、抗冻性的试验方法。

4.3.3 掌握

各类瓦的承载力试验步骤。

第三章　饰面材料检测

1 饰面石材

1.1 考核参数

尺寸允许偏差、外观质量、体积密度、吸水率、干燥压缩强度、弯曲强度。

1.2 理论知识要求

1.2.1 了解

(1)现行技术标准及规范：

《天然花岗石建筑板材》GB/T 18601—2009；

《天然大理石建筑板材》GB/T 19766—2005；

《天然饰面石材试验方法》GB/T 9966.1～9966.8—2001。

(2)饰面石材的分类、各参数检测原理。

(3)饰面石材镜向光泽度的检测原理及方法。

1.2.2 熟悉

饰面石材的技术指标。

1.2.3 掌握

(1)饰面石材吸水率检测方法和结果判定；

(2)饰面石材压缩强度检测方法和结果判定。

1.3 操作考核要求

1.3.1 了解

(1)检测仪器设备的性能、使用范围及一般要求；

(2)各种试样的制样方法及要求。

1.3.2 熟悉

仪器设备的操作方法。

1.3.3 掌握

(1)外观质量、尺寸偏差的试验步骤；

(2)压缩强度、弯曲强度的试验步骤。

2 陶瓷砖

2.1 陶瓷砖

2.1.1 考核参数

尺寸和表面质量、吸水率、破坏强度和断裂模数、抗热震性。

2.1.2 理论知识考核要求

2.1.2.1 了解

(1)现行标准及技术规范：

《陶瓷砖》GB/T 4100—2006；

《陶瓷砖试验方法　第1部分：抽样和接收条件》GB/T 3810.1—2006；

《陶瓷砖试验方法　第2部分：尺寸和表面质量的检验》GB/T 3810.2—2006；

《陶瓷砖试验方法　第3部分：吸水率、显气孔率、表观相对密度和容重的测定》GB/T 3810.3—

2006；

《陶瓷砖试验方法 第4部分:断裂模数和破坏强度的测定》GB/T 3810.4—2006；

《陶瓷砖试验方法 第9部分:抗热震性的测定》GB/T 3810.9—2006；

《陶瓷砖试验方法 第12部分:抗冻性的测定》GB/T 3810.12—2006。

(2)陶瓷砖的分类及考核要求参数的技术要求

2.1.2.2 熟悉

平整度、边直度、直角度、破坏强度、断裂模数、抗热震性的概念。

2.1.2.3 掌握

(1)尺寸测量所需的样品数量及测量结果的表示方法；

(2)吸水率检测样品数量、检测方法种类、结果计算及表示方法；

(3)破坏强度和断裂模数检测样品数量、结果计算及表示方法；

(4)抗热震性检测样品数量、检测方法种类、结果表示方法。

2.1.3 实际操作考核要求

2.1.3.1 了解

(1)各类参数检测所需的仪器设备种类、性能及使用要求；

(2)抗冻性、光泽度的试验方法。

2.1.3.2 熟悉

尺寸和表面质量的试验方法。

2.1.3.3 掌握

吸水率、破坏强度和断裂模数、抗热震性试验步骤。

2.2 饰面砖粘结强度

2.2.1 考核参数

粘结强度。

2.2.2 理论知识要求

2.2.2.1 了解

(1)现行技术标准及规范:

《建筑工程饰面砖粘结强度检验标准》JGJ 110—2008；

《外墙饰面砖工程施工及验收规程》JGJ126—2000。

(2)基体、断缝、粘结层的定义。

(3)试件的各种破坏状态。

2.2.2.2 熟悉

(1)不同规格标准的适用范围；

(2)取样方法、数量、养护时间。

2.2.2.3 掌握

饰面砖粘结强度的计算和判定方法。

2.2.3 操作考核要求

2.2.3.1 了解

取样机、切割机、胶粘剂的要求。

2.2.3.2 熟悉

(1)断缝的方法；

(2)标准块的粘结和固定方法；

(3)粘结仪的操作方法。

饰面砖粘结强度的检测步骤。

3 建筑涂料

3.1 考核参数

容器中状态、施工性、低温稳定性、干燥时间、涂膜外观、对比率、耐水性、耐碱性、耐洗刷性、耐人工气候老化性、耐沾污性、涂层耐温变性、涂料低温贮存稳定性、涂料热贮存稳定性、初期干燥抗裂性、耐冲击性、粘结强度、拉伸强度、断裂伸长率。

3.2 理论知识要求

3.2.1 了解

（1）现行技术标准及规范：

《弹性建筑涂料》JG/T 172—2005；

《建筑外墙用腻子》JG/T 157—2004；

《复层建筑涂料》GB/T 9779—2005；

《合成树脂乳液外墙涂料》GB/T 9755—2001；

《合成树脂乳液内墙涂料》GB/T 9756—2001；

《溶剂型外墙涂料》GB/T 9757—2001；

《合成树脂乳液砂壁状建筑涂料》JG/T 24—2000；

《漆膜、腻子膜干燥时间测定法》GB/T 1728—1989；

《漆膜耐水性测定法》GB/T 1733—1993；

《建筑涂料涂层耐碱性的测定法》GB/T 9265—1988；

《建筑涂料涂层耐洗刷性的测定法》GB/T 9266—1988；

《色漆和清漆人工气候老化和人工辐射暴露（滤过的氙弧辐射）》GB/T 1865—1997；

《建筑涂料涂层耐冻融循环性测定法》JG/T 25—1999。

（2）建筑涂料的基本组成及分类。

3.2.2 熟悉

建筑涂料检测参数技术指标：

对比率、耐水性、耐碱性、耐洗刷性、耐沾污性、涂层耐温变性、粘结强度检测方法的原理。

3.2.3 掌握

对比率、反射系数下降率计算公式及公式中各项的意义和公式的适用范围。

3.3 操作要求

3.3.1 了解

（1）反射率测定仪、耐洗刷仪、耐沾污冲洗装置、拉力试验机、初期干燥试验仪的性能及适用范围；

（2）耐洗刷仪的校准；

（3）建筑涂料检测的温湿度要求。

3.3.2 熟悉

（1）建筑涂料检测程序及试验要求；

（2）反射率测定仪、耐洗刷仪、耐沾污冲洗装置、拉力试验机的操作方法。

3.3.3 掌握

（1）低温稳定性的测定方法；

（2）对比率的测定方法；

（3）耐水性的测定方法；

（4）耐碱性的测定方法；

（5）耐洗刷性的测定方法；

（6）耐温变性的测定方法；

（7）粘结强度的测定方法；

（8）拉伸强度、断裂伸长率的测定方法。

第四章 防水材料检测

1 防水卷材

1.1 考核参数

外观、厚度、单位面积质量、长度和平直度、拉伸强度、伸长率、不透水性、耐热度、低温柔度(低温弯折性)、撕裂强度、热老化保持率。

1.2 理论知识要求

1.2.1 了解

(1)现行技术标准及规范:

《建筑防水卷材试验方法》GB/T 328—2007;

《弹性体改性沥青防水卷材》GB 18242—2000;

《塑性体改性沥青防水卷材》GB 18243—2000;

《沥青复合胎柔性防水卷材》JC/T 690—2008;

《复分子防水材料 第一部分:片材》GB 18173.1—2000;

《屋面工程质量验收规范》GB 5027—2002;

《自粘橡胶沥青防水卷材》JC 840—1999;

《自粘聚合物改性沥青聚酯胎防水卷材》JC 898—2002;

《聚氯乙烯防水卷材》GB 12952—2003;

《氯化聚乙烯防水卷材》GB 12953—2003;

《氯化聚乙烯－橡胶共混防水卷材》JC/T 684—1997。

(2)防水卷材的分类、品种、规格和防水卷材术语。

1.2.2 熟悉

(1)常用防水卷材的检测参数、技术指标;

(2)主要检测方法原理;

(3)有关抽样、判定规则。

1.2.3 掌握

各种防水卷材抽样、检测步骤、计算方法及判定规则。

1.3 操作考核要求

1.3.1 了解

(1)检测设备的要求、性能及适用范围;

(2)仪器设备校准方面的知识;

(3)试验状态调节和试验的标准环境。

1.3.2 熟悉

(1)试件的制备;

(2)检测程序、试验要求;

(3)仪器设备的操作方法。

1.3.3 掌握

(1)外观、尺寸的试验步骤;

(2)拉伸性能的试验步骤；

(3)不透水性试验步骤；

(4)耐热性能试验步骤；

(5)低温柔性(低温弯折性)试验步骤。

2 止水带、膨胀橡胶

2.1 考核参数

硬度、拉伸强度、扯断伸长率、压缩永久变形、撕裂强度、体积膨胀倍率、反复浸水试验、低温弯折(低温试验)、高温流淌性。

2.2 理论知识要求

2.2.1 了解

(1)现行技术标准及规范：

《高分子防水材料 第二部分：止水带》GB 18173.2—2000；

《硫化橡胶或热塑性橡胶压入硬度试验方法　第一部分：邵氏硬度计法(邵尔硬度)》GB/T 531.1—2008/ISO 7619—1：2004；

《硫化橡胶或热塑性橡胶拉伸应力应变性能的测定》GB/T 528—1998，XG1－2007；

《硫化橡胶、热塑性橡胶、常温、高温和低温下压缩永久变形测定》GB/T 7759—1996；

《硫化橡胶或热塑性橡胶撕裂强度的测定》GB/T 529—2008；

《硫化橡胶低温脆性的测定(多试样法)》GB/T 15256—1994；

《硫化橡胶或热塑性橡胶热空气加速老化和耐热试验》GB/T 7762—2003；

《硫化橡塑或热塑性橡胶耐臭氧静态拉伸试验》GB/T 7762—2003；

《高分子防水材料 第三部分：遇水膨胀橡胶》GB/T 18173.3—2002。

(2)了解止水带、膨胀橡胶分类、品种、规格。

2.2.2 熟悉

(1)检测参数技术指标；

(2)主要检测方法原理；

(3)试样制备及状态调节规定。

2.2.3 掌握

(1)止水带、膨胀橡胶的分类及适用范围；

(2)被要求检测参数的计算方法；

(3)复验参数的判定依据。

2.3 操作考核要求

2.3.1 了解

(1)检测仪器(硬度计、拉力机、热老化箱、低温脆性试验台、臭氧老化试验箱、测厚仪、天平、制样机、低温箱)的应用范围和性能；

(2)检测的环境要求和试样预处理要求；

(3)试样和制品尺寸的测定。

2.3.2 熟悉

(1)仪器设备的操作方法；

(2)检测程序及试验要求。

2.3.3 掌握

(1)拉伸的试验步骤；

(2)体积膨胀倍率的试验步骤；

(3)硬度的试验步骤；

(4)耐高、低温的试验步骤；

(5)反复浸水试验的试验步骤；

(6)压缩永久变形的试验步骤。

3 防水涂料

3.1 考核参数

固体含量、耐热度、低温弯折性(低温柔性)、潮湿基面粘结强度、延伸性、拉伸强度、断裂延伸率、不透水性、干燥时间(表干、实干)、加热伸缩率、抗冻性、撕裂强度、定伸时老化、热处理、碱处理、酸处理、人工气候老化、恢复率、密度、抗裂性、抗渗性。

3.2 理论知识要求

3.2.1 了解

(1)现行技术标准及规范：

《水乳型沥青防水涂料》JC 408—2005；

《溶剂型橡胶沥青防水涂料》JC/T 852—1999；

《聚氯乙烯弹性防水涂料》JC/T 674—1997；

《聚合物乳液建筑防水涂料》JC/T 864—2008；

《聚合物水泥防水涂料》JC/T 894—2001；

《聚氨酯防水涂料》GB/T 19250—2003；

《色漆、清漆和色漆、清漆用原材料取样》GB/T 3186—2006；

《建筑防水涂料试验方法》GB/T 16777—2008。

(2)建筑防水涂料的品种、规格和型号。

3.2.2 熟悉

(1)常用检测参数技术指标；

(2)主要检测方法原理。

3.2.3 掌握

(1)建筑防水涂料拉伸性能的计算评定；

(2)各种建筑防水涂料柔性、不透水性指标的判定依据。

3.3 操作要求

3.3.1 了解

(1)检测仪器的性能、适用范围；

(2)仪器设备标准方面的知识；

(3)检测环境的要求；

(4)样品的定温要求。

3.3.2 熟悉

(1)检测程序及试验要求；

(2)仪器设备的操作方法。

3.3.3 掌握

(1)固体含量的试验步骤；

(2)耐热度的试验步骤；

(3)拉伸性能的试验步骤；

(4)低温柔性的试验步骤；

(5)不透水性的试验步骤；

（6）干燥时间的试验步骤。

4 油膏及接缝材料

4.1 考核参数

密度、下垂度、低温柔性、拉伸粘结性、浸水拉伸性、恢复率、挥发率、施工度、耐热性、渗出性。

4.2 理论知识要求

4.2.1 了解

（1）现行技术标准及规范：

《建筑防水沥青嵌缝油膏》JC/T 207—1996

《聚氯乙烯建筑防水接缝材料》JC/T 798—1997；

《建筑密封材料试验方法》GB/T 13477—2002。

（2）应了解聚氯乙烯建筑防水接缝材料分类、品种和防水接缝材料术语。

4.2.2 熟悉

（1）聚氯乙烯建筑防水接缝材料技术指标；

（2）下垂度、低温柔性、拉伸粘结性、浸水拉伸性、恢复率检测方法原理；

（3）试样制备的要求。

4.2.3 掌握

（1）聚氯乙烯胶泥与塑料油膏的含义；

（2）复验参数的计算方法以及判定依据。

4.3 操作考核要求

4.3.1 了解

（1）检测仪器（拉力机、鼓风干燥箱、低温箱、天平）的应用范围和性能；

（2）仪器设备校准方面的知识；

（3）试样的状态调节和检测的环境要求。

4.3.2 熟悉

（1）检测程序及试验要求；

（2）仪器设备的操作方法。

4.3.3 掌握

（1）下垂度的试验步骤；

（2）低温柔性的试验步骤；

（3）拉伸粘结性的试验步骤；

（4）恢复率的试验步骤。

第五章　门窗检测

1 物理性能

1.1 考核参数

气密性、水密性、抗风压强度、门窗保温性能。

1.2 理论知识要求

1.2.1 了解

《建筑外门窗气密、水密、抗风压性能分级及检测方法》GB/T 7106—2008；

《铝合金门窗》GB/T 8478—2008；

《未增塑聚氯乙烯（PVC–U）塑料窗》GB/T 140—2005；

《建筑外门窗保温性能分级及检测方法》GB/T 8484—2008。

1.2.2 熟悉

（1）检测参数的技术分级指标；

（2）门窗三项性能的检测原理、建筑外窗保温性能检测原理；

（3）抽样、复检的相关规定。

1.2.3 掌握

（1）考核参数的适用范围；

（2）数据处理和判定依据。

1.3 操作考核要求

1.3.1 了解

（1）检测环境要求；

（2）检测设备工作原理；

（3）检测样品的要求。

1.3.2 熟悉

（1）检测程序和要求；

（2）检测设备的操作方法；

（3）不同窗型的装夹方法和测力点的布置；

（4）样品的制作与处理。

1.3.3 掌握

（1）主要参数的试验流程与步骤；

（2）检测数据的处理与评判。

2 铝合金塑料型材

2.1 考核参数

铝合金型材物理性能、铝合金隔热型材物理性能、塑料型材物理性能。

2.2 理论知识要求

2.2.1 了解

《铝合金建筑型材》GB/T 5237—2004；

《铝合金韦氏硬度试验方法》YS/T 420—2000；

《门、窗用未增塑聚氯乙烯(PVC – U)型材》GB/T 8814—2004;

《铝合金建筑型材 第6部分:隔热型材》GB/T 5237.6—2004;

《建筑用隔热型材 穿条式》JG/T 175—2005。

2.2.2 熟悉

(1)检测参数的技术分级指标;

(2)铝合金型材性能检测原理、隔热型材检测原理、塑料型材检测原理;

(3)抽样、复检的相关规定。

2.2.3 掌握

(1)考核参数的适用范围;

(2)数据处理和判定依据。

2.3 操作考核要求

2.3.1 了解

(1)检测环境要求;

(2)检测设备工作原理;

(3)检测样品的要求。

2.3.2 熟悉

(1)检测程序和要求;

(2)检测设备的操作方法;

(3)不同窗型的装夹方法和测力点的布置;

(4)样品的制作与处理。

2.3.3 掌握

(1)主要参数的试验流程与步骤;

(2)检测数据的处理与评判。

3 门窗玻璃

3.1 考核参数

中空玻璃、玻璃可见光透射比 、遮阳系数。

3.2 理论知识要求

3.2.1 了解

(1)《中空玻璃》GB/T 11944—2002;

《建筑玻璃 可见光透射比、太阳光直接透射比、太阳能总透射比、紫外线透射比及有关窗参数的测定》GB/T2680—1994;

(2)建筑外窗产品术语、产品分类、主材与辅材的相关标准和基本概念。

3.2.2 熟悉

(1)检测参数的技术分级指标;

(2)玻璃可见光透射比、遮阳系数检测原理、中空玻璃露点检测原理;

(3)抽样、复检的相关规定。

3.2.3 掌握

(1)考核参数的适用范围;

(2)数据处理和判定依据。

3.3 操作考核要求

3.3.1 了解

(1)检测环境要求;

(2)检测设备工作原理；

(3)检测样品的要求。

3.3.2 熟悉

(1)检测程序和要求；

(2)检测设备的操作方法；

(3)不同窗型的装夹方法和测力点的布置；

(4)样品的制作与处理。

3.3.3 掌握

(1)主要参数的试验流程与步骤；

(2)检测数据的处理与评判。

第六章　化学分析

1 钢材

1.1 考核参数

　　碳、硅、锰、磷、硫。

1.2 理论知识要求

1.2.1 了解

　　(1)了解钢材检测项目执行的国家现行标准：

　　《冶金产品化学分析方法标准的总则及一般规定》GB 1467—2008；

　　《钢铁及合金　碳含量的测定　管式炉内燃烧后气体容量法》GB/T 223.69—2008；

　　《钢铁　酸溶硅和全硅含量测定　还原型硅钼酸盐分光光度法》GB/T 223.5—2008；

　　《钢铁及合金化学分析方法 高碘酸钠(钾)光度法测定锰量》GB 223.63—1988；

　　《钢铁及合金化学分析方法 二安替比林甲烷磷钼酸重量法测定磷量》GB 223.3—1988；

　　《钢铁及合金化学分析方法 管式炉内燃烧后碘酸钾滴定法测定硫含量》GB/T 223.68—1997；

　　《钢及钢产品力学性能试验取样位置及试样制备》GB/T 2975—1998。

　　(2)钢材的种类。

1.2.2 熟悉

　　(1)钢材化学技术指标；

　　(2)钢材中碳、硅、锰、磷、硫检测方法原理。

1.2.3 掌握

　　(1)碳、硅、锰、磷、硫计算公式及公式中各项的意义和适用范围；

　　(2)标准溶液浓度和标准曲线的计算(绘制)步骤。

1.3 操作考核要求

1.3.1 了解

　　(1)分析天平、马弗炉(高温电炉)、干燥箱、管式炉、分光光度计、碳硫测定仪的性能及适用范围；

　　(2)仪器的校准；

　　(3)钢材化学分析样品的制备方法。

1.3.2 熟悉

　　(1)钢材化学分析的检测程序及试验要求；

　　(2)分析天平、马弗炉(高温电炉)、干燥箱、管式炉、分光光度计的操作方法。

1.3.3 掌握

　　(1)碳的测定方法；

　　(2)硅的测定方法；

　　(3)锰的测定方法；

　　(4)磷的测定方法；

　　(5)硫的测定方法。

2 水泥

2.1 考核参数

　　烧失量、不溶物、三氧化硫、氧化镁、氯离子。

2.2 理论知识要求

2.2.1 了解

　　(1)了解水泥检测项目执行的现行标准:

　　《水泥化学分析方法》GB/T 176—2008;

　　《水泥原料中氯的化学分析方法》JC/T 420—1991。

　　《水泥取样方法》GB/T 12573—2008

　　(2) 水泥的基本组成和种类。

2.2.2 熟悉

　　(1)水泥化学技术指标;

　　(2)水泥烧失量、不溶物、三氧化硫、氧化镁、氯离子检测方法原理。

2.2.3 掌握

　　(1)烧失量、不溶物、三氧化硫、氧化镁、氯离子计算公式及公式中各项的意义和适用范围;

　　(2)标准溶液浓度和滴定度的计算步骤。

2.3 操作考核要求

2.3.1 了解

　　(1)分析天平、马弗炉(高温电炉)、干燥箱的性能及适用范围;

　　(2)仪器的校准;

　　(3)水泥化学分析样品的制备方法。

2.3.2 熟悉

　　(1)水泥化学分析的检测程序及试验要求;

　　(2)分析天平、马弗炉(高温电炉)、干燥箱、测氯蒸馏装置的操作方法。

2.3.3 掌握

　　(1)烧失量的测定方法;

　　(2)不溶物的测定方法;

　　(3)三氧化硫的测定方法;

　　(4)氧化镁的测定方法;

　　(5)氯离子的测定方法。

3 混凝土拌合用水

3.1 考核参数

　　pH 值、不溶物、可溶物、氯化物、硫酸盐、碱含量。

3.2 理论知识要求

3.2.1 了解

　　(1)《混凝土用水标准》JGJ 063—2008;

　　(2)水样采取与保存;

　　(3)水质分析的一般知识。

3.2.2 熟悉

　　(1)混凝土用水的技术指标要求;

　　(2)水质分析方法分类。

3.2.3 掌握

水质分析结果计算与判定。

3.3 操作考核要求

3.3.1 了解

(1)水质分析的基本操作;

(2)常用分析仪器的原理与构造。

3.3.2 熟悉

(1)常用分析仪器的操作程序;

(2)滴定分析指示剂的选择。

3.3.3 掌握

(1)溶液配制;

(2)天平的使用;

(3)火焰光度计的使用;

(4)pH 计的使用;

(5)滴定终点的判断。

建筑主体结构工程检测

第一章 主体结构工程检测

1 混凝土结构及构件实体的非破损检测

1.1 考核参数

混凝土强度、缺陷;钢筋保护层厚度及直径。

1.2 理论知识要求

1.2.1 了解

(1)现行技术标准及规范:

《回弹法检测混凝土抗压强度技术规程》JGJ/T 23—2001;

《超声回弹综合法检测混凝土强度技术规程》CECS 02:88;

《钻芯法检测混凝土强度技术规程》CECS 03:2007;

《超声法检测混凝土缺陷技术规程》CECS 21:2000;

《混凝土中钢筋检测技术规程》JGJ/T—2008。

(2)规程的适用范围、混凝土缺陷的概念。

1.2.2 熟悉

(1)检测参数技术指标;

(2)回弹法、超声回弹综合法、钻芯法检测混凝土强度和超声法检测混凝土缺陷的方法原理;

(3)有关单个构件评定、按批评定的抽样规定。

1.2.3 掌握

(1)回弹法、钻芯法、超声回弹综合法计算混凝土强度的方法、修正过程;

(2)超声法检测混凝土缺陷的数据处理及异常数据判别的方法。

1.3 操作考核要求

1.3.1 了解

(1)回弹仪、非金属超声仪和钢筋探测仪的技术要求、适用范围;

(2)回弹仪、非金属超声仪检定与保养方面的规定;

(3)材料、构件状态、检测环境等对检测数据的影响。

1.3.2 熟悉

(1)回弹仪、非金属超声仪、取芯机的调试方法;

(2)回弹值、声学参数的测量、数据采集、数据转换。

1.3.3 掌握

(1)回弹法检测混凝土强度的步骤;

(2)超声回弹综合法检测混凝土强度的步骤;

(3)钻芯法检测混凝土强度的步骤;

(4)超声法检测混凝土裂缝深度的步骤;

（5）超声法检测混凝土不密实区和空洞的步骤；

（6）超声法检测混凝土结合面质量的步骤；

（7）超声法检测混凝土表面损伤层的步骤；

（8）超声法检测钢管混凝土缺陷的步骤；

（9）钢筋探测仪检测钢筋间距、保护层厚度和直径的步骤。

2 后置埋件

2.1 考核参数

抗拔承载能力检测方法；抗剪承载能力检测方法；后置埋件的分类、主要功能、作用原理、选用原则、应用范围、受力机理。

2.2 理论知识要求

2.2.1 了解

（1）现行技术标准及规范：

《混凝土结构后锚固技术规程》JGJ 145—2004；

《混凝土用膨胀型、扩孔型建筑锚栓》JG 160—2004。

（2）锚固设计基本理论。

2.2.2 熟悉

（1）膨胀型锚栓、扩孔型锚栓、化学植筋等基本概念；

（2）后置埋件的分类、适用范围、埋置技术、构造措施；

（3）各类锚固件的检测目的和检测方法。

2.2.3 掌握

（1）后置埋件的抗拔承载力和抗剪承载力的检测方法及原理；

（2）不同埋件承载力检测时破坏荷载的取值原则；

（3）检测结果的判定依据及判定方法。

2.3 操作考核要求

2.3.1 了解

（1）后置埋件抗拔承载力检测仪器设备的性能；

（2）后置埋件抗剪承载力检测仪器设备的性能。

2.3.2 熟悉

（1）检测仪器设备的操作方法；

（2）检测设备的安装方法与技术要求；

（3）现场检验抽样数量与选样要求。

2.3.3 掌握

（1）现场检测试验的操作步骤；

（2）加载程序与位移量测；

（3）终止加载条件的确定原则和操作要点。

3 混凝土构件结构性能

3.1 考核参数

挠度、承载力、抗裂或裂缝宽度、张拉力。

3.2 理论知识要求

3.2.1 了解

（1）了解该检测项目执行的现行标准：

《混凝土结构工程施工质量验收规范》GB 50204—2002 中 9.3 节、附录 C；

《混凝土结构试验方法标准》GB 50152—1992；

(2)混凝土结构基本原理。

3.2.2 熟悉

(1)熟悉构件的承载力检验系数允许值指标；

(2)熟悉异位(卧位、反位)试验方法的原理；

(3)熟悉有关抽样、复检等规定。

3.2.3 掌握

掌握承载力、挠度和抗裂检验系数的计算公式。

3.3 操作考核要求(学时不少于 8 小时)

3.3.1 了解

(1)了解百分表、位移传感器、负荷传感器和刻度放大镜的性能、适用范围；

(2)预制构件结构性能试验条件；

(3)试验构件的支承方式的规定。

3.3.2 熟悉

(1)试验程序及试验要求；

(2)熟悉达到承载能力极限状态的检验标志；

(3)仪器设备的操作方法、数据采集和数据转换。

3.3.3 掌握

(1)采用短期静力加载试验进行预制构件结构性能检验的方法、试验步骤；

(2)挠度测读、计算的步骤；

(3)裂缝宽度或抗裂检验的步骤；

(4)构件承载能力的检验步骤；

(5)试验过程中的安全注意事项；

(6)数据分析、整理。

4 砌体结构

4.1 考核参数

砌体抗压强度、砌体工作应力、砌体抗剪强度、砌筑砂浆强度。

4.2 理论知识要求

4.2.1 了解

(1)了解该检测项目执行的现行标准：

《砌体工程现场检测技术标准》GB/T 50315—2000；

《贯入法检测砌筑砂浆抗压强度技术规程》JGJ/T 136—2001。

(2)了解检测方法的特点、用途和限制条件。

4.2.2 熟悉

(1)熟悉检测参数技术指标；

(2)熟悉回弹法、原位轴压法、筒压法和贯入法等主要检测方法的原理；

(3)熟悉检测单元、测区和测点的概念；

(4)熟悉检测方法分类及其选用原则。

4.2.3 掌握

掌握强度推定的计算方法以及强度等级的判定。

4.3 操作考核要求(学时不少于 8 小时)

4.3.1 了解

了解检测仪器设备的性能、适用范围；

4.3.2 熟悉

（1）检测程序及工作内容；

（2）回弹法、原位轴压法、筒压法和射钉法等主要仪器设备的操作方法。

4.3.3 掌握

（1）原位轴压法检测砌体抗压强度的步骤；

（2）筒压法检测砌筑砂浆强度的步骤；

（3）回弹法检测砌筑砂浆强度的步骤；

（4）贯入法（射钉法）检测砌筑砂浆强度的步骤。

5 沉降观测

5.1 考核参数

沉降观测、垂直偏差检测。

5.2 理论知识要求

5.2.1 了解

（1）现行技术标准：

《建筑变形测量规范》JGJ 8—2007；

《工程测量规范》GB 50026—2007；

《建筑地基基础设计规范》GB 50007—2002；

（2）沉降观测的等级及其适用范围、偶然误差、中误差、闭合差、平差、纵向偏差 a、横向偏差 b、垂直度 $= a^2 + b^2$，倾斜率。

5.2.2 熟悉

（1）基准点，工作基点……沉降观测点的布设及垂直偏差大角的选择；

（2）主体阶段、装修阶段及竣工后沉降观测的频率及垂直偏差测量的频率；

（3）观测误差的消除、平差；

（4）沉降观测、垂直偏差测量精度等级的确定。

5.2.3 掌握

（1）规范对沉降观测及垂直偏差检测的要求；

（2）沉降进入稳定阶段的判定；

（3）垂直偏差检测数据的处理。

5.3 操作考核要求（学时不少于 8 小时）

5.3.1 了解

（1）水准仪、经纬仪的型号、性能、适用范围；

（2）水准仪视准轴平行于水准轴、经纬仪横轴水平的重要性；

（3）检测环境的要求。

5.3.2 熟悉

（1）规范对沉降观测、垂直偏差检测中的要求；

（2）水准仪、经纬仪的操作方法。

5.3.3 掌握

（1）水准仪、经纬仪的检验、校正；

（2）沉降观测及垂直偏差检测、现场操作。

第二章　钢结构工程检测

1 钢结构工程用钢材

1.1 考核性能参数

下屈服强度、抗拉强度、规定非比例延伸强度、最大力总伸长率、断后伸长率。

1.2 理论知识要求

1.2.1 了解

现行执行标准：

《金属材料室温拉伸试验方法》GB/T 228 — 2002 ；

《钢及钢产品力学性能试验取样位置及试样制备》GB/T 2975—1998；

《数值修约规则与极限数值的表示和判定》GB/T 8170 — 2008。

1.2.2 熟悉

(1)各检测项目和检测目的；

(2)标准对各检测项目的检测规定和要求。

1.2.3 掌握

(1)各检测参数的判定要求；

(2)数据处理与检测结果判定方法和判定依据。

1.3 操作要求

1.3.1 了解

(1)钢结构钢材的取样方法；

(2)钢结构钢材试验样品批次与取样数量；

(3)钢结构钢材检测样品的制作要求。

1.3.2 熟悉

(1)检测仪器设备的性能和使用方法；

(2)检测环境要求。

1.3.3 掌握

(1)钢结构钢材各检测参数的操作步骤与操作要点；

(2)数据采集和记录方法。

2 钢结构节点连接及高强螺栓

2.1 考核性能参数

(1)焊接接头拉伸性能；

(2)焊接接头弯曲性能；

(3)焊钉焊接端性能；

(4)大六角头高强度螺栓连接副扭矩系数；

(5)扭剪型高强度螺栓连接副紧固轴力；

(6)楔负载；

(7)螺母的保证载荷；

(8)芯部硬度；

（9）钢网架螺栓球节点用高强度螺栓实物拉伸强度；

（10）焊接接头的取样方法和力学性能测试；

（11）焊钉连接质量与性能检测。

2.2 理论知识要求

2.2.1 了解

（1）了解现行执行标准：

《焊接接头机械性能试验取样方法》GB/T 2649—1989；

《焊接接头拉伸试验方法》GB/T 2651—2008；

《焊接接头弯曲试验方法》GB/T 2653—2008；

《建筑结构检测技术标准》GB/T 50344—2004；

《电弧螺柱焊用圆柱头焊钉》GB/T 10433—2002；

《钢结构用扭剪型高强度螺栓连接副》GB/T 3632—2008；

《钢结构用高强度大六角头螺栓、大六角螺母、垫圈技术条件》GB/T 1231—2006；

《钢结构设计规范》GB 50017—2003；

《钢结构工程施工质量验收规范》GB 50205—2001；

《钢网架螺栓球节点用高强度螺栓》GB/T 16939—1997。

（2）现行标准对产品的设计要求：

焊接接头的拉伸和弯曲取样方法、试样加工要求和试验环境要求；

焊钉焊接端拉力试验和弯曲试验；

了解预钢结构用高强度螺栓的分类与连接原理；

了解剪切型连接方式与磨擦型方式的差别和性能要求；

了解钢结构用高强度螺栓的品种、应用范围及性能要求。

2.2.2 熟悉

（1）各检测项目和检测目的；

（2）标准对各检测项目的检测规定和要求。

2.2.3 掌握

（1）焊接接头拉伸试验数据处理、结果判定依据和判定方法；

（2）焊接接头弯曲试验数据处理、结果判定依据和判定方法；

（3）焊钉焊接端拉力试验和弯曲试验数据处理、结果判定依据和判定方法；

（4）钢结构用高强度大六角头螺栓的主要参数数据处理、结果判定依据和判定方法；

（5）钢结构用扭剪型高强度螺栓连接的主要参数数据处理、结果判定依据和判定方法；

（6）抗滑移系数检测数据处理、结果判定和判定方法；

（7）高强度螺栓实物楔负载的检测数据处理、结果判定依据和判定方法；

（8）掌握螺母的保证载荷的检测数据处理、结果判定依据和判定方法；

（9）掌握芯部硬度的检测数据处理、结果判定依据和判定方法；

（10）掌握钢网架螺栓球节点用高强度螺栓实物拉伸强度的检测数据处理、结果判定依据和判定方法；

（11）掌握各类钢结构用高强度螺栓的复检取样方法及不合格判定的准则。

2.3 操作要求

2.3.1 了解

（1）各类钢结构节点、连接质量检测取样方法；

（2）各类钢结构节点、连接质量检测样品批次和取样数量；

(3)各类钢结构节点、连接质量检测样品的制作要求。

2.3.2 熟悉

(1)各类钢结构节点、连接质量检测对试验设备精度的技术要求；

(2)各类钢结构节点、连接质量检测对试验环境的要求。

2.3.3 掌握

(1)各类钢结构节点、连接质量检测参数的操作步骤与操作要点；

(2)各类钢结构节点、连接质量检测数据采集和记录方法。

3 钢结构焊缝质量

3.1 考核参数

射线探伤(RT)、超声波探伤(UT)、渗透探伤(PT)、磁粉探伤(MT)。

3.2 理论知识要求

3.2.1 了解

(1)现行技术标准及规范：

《钢结构工程施工质量验收规范》GB 50205—2001；

《建筑钢结构焊接技术规程》JGJ 81—2002；

《钢结构超声波探伤及质量分级法》JG/J 203—2007；

《钢焊缝手工超声波探伤方法和探伤结果分级》GB 11345—1989；

《金属熔化焊焊接接头射线照相》GB/T 3323—2005；

《焊缝渗透检验方法和缺陷迹痕的分级》JB/T 6062—2007；

《焊缝磁粉检验方法和缺陷磁痕的分级》JB/T 6061—2007。

(2)典型焊缝质量缺陷(裂缝、未熔合、未焊透、夹渣、气孔)形成的原因,以及在各种无损检测方法中的表现形式。

(3)钢结构焊缝无损检测未来的发展方向等。

3.2.2 熟悉

(1)熟悉当前钢结构焊缝无损检测的主要检测方法、各种检测方法的优缺点和局限性。

(2)熟悉射线探伤(RT)、渗透探伤(PT)、磁粉探伤(MT)工作原理、主要的仪器设备、操作方法以及检测结果的评定等。

3.2.3 掌握

(1)掌握钢结构设计和验收规范中对于钢结构焊缝无损检测方法、抽样数量的要求。

(2)掌握钢结构焊缝超声波探伤(UT)工作原理、主要的仪器设备、操作方法以及检测结果的评定等。

(3)掌握钢结构焊缝超声波探伤(UT)所用各种试块的作用和使用方法、校验周期等。

3.3 操作考核

3.3.1 了解

(1)各种焊缝无损检测方法应满足的先决条件。

(2)射线探伤(RT)中如何选择正确的透照工艺。

(3)渗透探伤(PT)、磁粉探伤(MT)中探伤灵敏度的校验方法。

3.3.2 熟悉

(1)合格射线探伤(RT)底片应满足的技术条件(像质等级、黑度)。

(2)渗透探伤(PT)、磁粉探伤(MT)的主要操作步骤。

3.3.3 掌握

(1)脉冲反射式 A 式超声波探伤仪的水平线性、垂直线性的调校方法,以及如何正确选择合适的超声波探头。

(2)焊缝超声波探伤(UT)所用标准试块、对比试块的使用方法。

(3)绘制斜探头距离－波幅曲线(DAC曲线)。

4 钢结构防腐防火涂装

4.1 考核性能参数

涂料涂层厚度;初期干燥抗裂性;粘结强度;抗压强度;耐火性能。

4.2 理论知识要求

4.2.1 了解

(1)钢结构工程的优点和不足;

(2)钢结构工程的腐蚀类型有哪些?

(3)钢结构工程防腐涂装施工的质量控制方法;

(4)钢结构防火涂料防火的基本原理;

(5)钢结构防火涂料的品种、分类、应用范围及性能要求;

(6)钢结构工程防火设计原则和防火措施是有哪些?

4.2.2 熟悉

(1)钢结构工程防腐蚀的措施有哪些?

(2)钢结构工程防腐涂料的功能是什么?

(3)腐蚀环境分类和相关标准;

(4)钢结构防火涂料的耐火性能指标;

(5)室内钢结构防火涂料的技术性能主要参数和检测评定方法;

(6)室外钢结构防火涂料的技术性能主要参数和检测评定方法;

(7)钢结构防火涂料各品种的标志标识方法。

4.2.3 掌握

(1)钢结构防火涂料的耐热极限要求和检测方法;

(2)钢结构防火涂料的初期干燥抗裂性要求和检测方法;

(3)钢结构防火涂料各品种的取样批规定;

(4)钢结构防火涂料的耐火性能要求和检测方法;

(5)大气腐蚀环境分类的定义。

4.3 操作要求

4.3.1 了解

(1)钢结构防火涂料各品种的取样批规定;

(2)钢结构防火涂料的初期干燥抗裂性要求和检测方法;

(3)钢结构防火涂料的抗压强度要求和检测方法;

(4)钢结构工程防腐涂层厚度的检测方法;

(5)钢结构工程防腐外观检查的项目和方法。

4.3.2 熟悉

(1)厚涂型钢结构防火涂层的质量要求;

(2)薄涂型钢结构防火涂层的质量要求;

(3)防火涂层所有理化性能和耐火极限技术参数;

(4)钢结构工程防腐划格法测试。

4.3.3 掌握

(1)涂层粘结强度的检测方法及检测结果的正确表达方式;

（2）钢结构工程防腐漆膜厚度检查、测点选择与测试方法；

（3）钢结构工程防腐涂层膜厚度控制原则；

（4）钢结构工程防火涂层厚度的检测方法及检测结果的正确表达方式；

（5）钢结构防腐涂料附着力测试；

（6）钢结构防火涂料的涂料涂层厚度检测方法和质量要求。

5 钢结构与钢网架变形检测

5.1 考核参数

网架节点挠度，桁架平面外弯曲变形，拉压杆件挠曲变形，杆件平直度，钢柱垂直度，压型金属板截面尺寸，波高，侧向弯曲，安装后的平行度和垂直度。

5.2 理论知识要求

5.2.1 了解

（1）现行国家技术标准和规范：

《钢结构工程施工质量验收规范》GB 50205—2001；

《网架结构工程质量检验评定标准》JGJ 78—1991；

《钢结构设计规范》GB 50017—2003；

《钢桁架检验及验收标准》JG 9—1999；

《压型金属板设计施工规程》YBJ 216—1988。

（2）钢结构各种变形的检测方法与原理。

5.2.2 熟悉

（1）各种变形所采用检测方法的适用范围；

（2）压型金属板结构的检测内容；

（3）各种检测项目的目的。

5.2.3 掌握

（1）钢结构与网架结构杆件应力和各种变形检测数据的处理方法；

（2）压型金属板结构的检测要点和检测数据的采集方法；

（3）检测结果的评定方法。

5.3 操作考核要求

5.3.1 了解

（1）钢结构杆件应力，节点变形、杆件平直度和垂直度等所用仪器设备的性能；

（2）钢结构与网架结构杆件应力，节点变形、杆件平直度和垂直度等的测点布置和检测要求；

（3）压型金属板结构的检测项目。

5.3.2 熟悉

（1）钢结构杆件应力，节点变形所采用仪器设备的操作方法；

（2）检测抽样的数量；

（3）压型金属板结构检测样品的要求和测点布置方法。

5.3.3 掌握

（1）钢结构杆件应力——应变测量的操作步骤；

（2）钢结构与网架结构节点变形，杆件平直度和垂直度检测步骤；

（3）压型金属板结构所有检测参数和试验操作要点。

第三章　粘钢、钢纤维、
碳纤维加固检测

1 碳纤维布力学性能检测

1.1 考核参数

　　(1)钢纤维:几何参数、长径比、形状合格率、杂质含量、抗拉强度、弯折性能、断裂伸长率;

　　(2)碳纤维:弹性模量、延伸率、抗拉强度、弯曲强度、层间剪切强度、正拉粘结强度、纤维体积含量、单位面积质量。

1.2 理论知识要求

1.2.1 了解

　　(1)钢纤维的现行执行标准:

　　《混凝土用钢纤维》YB/T 151—1999;

　　《钢纤维混凝土》JG/T 3064—1999;

　　《碳纤维直径和根数试验方法(显微镜法)》GB/T 3364—2008;

　　《钢纤维混凝土试验方法》CECS 13:1989。

　　(2)碳纤维现行标准:

　　《定向纤维增强塑料拉伸性能试验方法》GB/T 3354 – 1999;

　　《纤维增强塑料性能试验方法总则》GB/T 1446—2005;

　　《碳纤维片材加固混凝土结构技术规程》CECS 146:2003;

　　《单向纤维增强塑料弯曲性能试验方法》GB/T 3356;

　　《混凝土结构加固设计规范》GB 50367—2006;

　　《增强制品试验方法　第3部分:单位面积质量的测定》GB/T 9914.3—2001。

　　(3)钢纤维的规格、品种、尺寸及性能要求,用途。

　　(4)碳素纤维的规格、品种及性能要求,用途。

1.2.2 熟悉

　　(1)钢纤维的主要力学性能指标和外观、尺寸要求;

　　(2)碳纤维布及复合材料的主要力学性能和使用要求。

1.2.3 掌握

　　(1)钢纤维的外观、尺寸、形状合格率、杂质含量等检验结果的判定方法与判定标准;

　　(2)钢纤维的主要检测参数、检验结果的计算方法和判定方法;

　　(3)碳纤维布及复合材料的主要力学性能指标检测结果的计算方法和判定方法。

1.3 操作要求

1.3.1 了解

　　(1)钢纤维的外观检测要求和样品数量;

　　(2)钢纤维的力学性能的检测设备要求和检测要求;

　　(3)碳纤维布试样的制作要求和样品数量;

　　(4)碳纤维布检测设备的性能要求和检测要求。

　1.3.2 熟悉

　　（1）钢纤维外观检测方法；

　　（2）钢纤维力学性能试验设备的操作方法；

　　（3）碳纤维布的试样加工制作方法和试样要求；

　　（4）碳纤维布各试验设备的操作方法。

　1.3.3 掌握

　　（1）钢纤维外观、尺寸、形状合格率、长径比、杂质含量检验步骤；

　　（2）钢纤维力学性能指标的试验操作步骤和数据采集方法；

　　（3）碳纤维布试件安装和加载的试验步骤及操作要点；

　　（4）碳纤维布各性能试验的试样制备要求。

2 粘钢、碳纤维粘结力现场检测

2.1 考核参数

　　正拉粘结强度测定方法，检测设备的操作步骤，粘结破坏形态判定方法，粘结质量合格与否判定方法。

2.2 理论知识要求

2.2.1 了解

　　（1）现行技术标准及规范：

　　《混凝土结构加固设计规范》GB 50367—2006；

　　《数显式粘结强度检测仪》JG 3056—1999。

　　（2）粘钢、碳纤维加固的基本概念、加固用粘接材料。

2.2.2 熟悉

　　（1）粘钢加固对钢板材料的要求及对钢板粘贴的质量要求；

　　（2）对粘钢加固用胶粘剂的选择和性能要求；

　　（3）对碳纤维布的力学性能要求及分层粘贴的操作工艺和质量要求；

　　（4）对粘贴碳纤维布胶粘剂的配置与质量要求。

2.2.3 掌握

　　（1）正拉粘结强度计算公式；

　　（2）试验结果正常性判别；

　　（3）粘结质量检验结果的合格评定方法；

　　（4）适配性检验的正拉粘结性能合格评定方法。

2.3 操作考核要求

2.3.1 了解

　　（1）现场使用的粘结强度检测仪的技术性能和检定周期及使用方法；

　　（2）钢标准块的数量、几何尺寸及布置要求。

2.3.2 熟悉

　　（1）粘贴质量现场试验取样规则；

　　（2）适配性检验取样规则；

　　（3）试验制备要求；

　　（4）粘结强度检测仪的安装方法。

2.3.3 掌握

　　（1）现场检测试验步骤；

　　（2）试验的几种粘结破坏形式：内聚破坏、粘附破坏（层间破坏）、混合破坏。

（3）现场检测粘结破坏形态的判定及破坏力的取值。

3 钢纤维

3.1 考核参数

几何参数、长径比、形状合格率、杂质含量、抗拉强度、弯折性能、断裂伸长率。

3.2 理论知识要求

3.2.1 了解

（1）钢纤维的现行技术标准及规范：

《混凝土用钢纤维》YB/T 151—1999；

《钢纤维混凝土》JG/T 3064—1999；

《碳纤维直径和根数试验方法（显微镜法）》GB/T 3364—2008；

《钢纤维混凝土试验方法》CECS 13：89。

（2）钢纤维的规格、品种、尺寸及性能要求和用途。

3.2.2 熟悉

钢纤维的主要力学性能指标和外观、尺寸要求。

3.2.3 掌握

（1）钢纤维的外观、尺寸、形状合格率、杂质含量等检验结果的判定方法与判定标准；

（2）钢纤维的主要检测参数检验结果的计算方法和判定方法。

3.3 操作要求

3.3.1 了解

（1）钢纤维的外观检测要求和样品数量；

（2）钢纤维的力学性能的检测设备要求和检测要求。

3.3.2 熟悉

（1）钢纤维外观检测方法；

（2）钢纤维力学性能试验设备的操作方法。

3.3.3 掌握

（1）钢纤维外观、尺寸、形状合格率、长径比、杂质含量检验步骤；

（2）钢纤维力学性能指标的试验操作步骤和数据采集方法。

第四章 木结构检测

1 木材物理性能检测

1.1 考核参数

　　木材含水率、密度、干缩性、吸水性和湿胀性。

1.2 理论知识要求

1.2.1 了解

　　现行规范标准：

　　《木结构试验方法标准》GB/T 50329—2002；

　　《木结构设计手册》GB 50005—2003。

1.2.2 熟悉

　　木材含水率、密度、干缩性、吸水性和湿胀性等物理性能的检测方法。

1.3 操作考核要求

1.3.1 熟悉

　　木材含水率、密度、干缩性、吸水性和湿胀性等物理性能的检测方法。

2 木材力学性能检测

2.1 考核参数

　　木材顺纹抗拉、抗压、抗剪强度，抗弯强度，横纹抗拉和抗压强度。

2.2 理论知识要求

2.2.1 了解

　　现行规范标准：

　　《木结构试验方法标准》GB/T 50329—2002；

　　《木结构设计手册》GB 50005—2003。

2.2.2 熟悉

　　木材顺纹抗拉、抗压、抗剪强度，抗弯强度，横纹抗拉和抗压强度力学性能的检测方法。

2.3 操作考核要求

2.3.1 熟悉

　　木材顺纹抗拉、抗压、抗剪强度，抗弯强度，横纹抗拉和抗压强度力学性能的检测方法。

3 梁弯曲试验方法

3.1 考核参数

　　木梁弯曲抗弯强度及弹性模量。

3.2 理论知识要求

3.2.1 了解

　　现行规范标准：

　　《木结构试验方法标准》GB/T 50329—2002；

　　《木结构设计手册》GB 50005—2003。

3.3 操作考核要求

3.3.1 掌握

木梁弯曲检测方法。

4 木结构连接节点性能检测

4.1 考核参数

　　木结构齿连接、圆钢销连接、胶粘连接、胶合指形连接的力学性能。

4.2 理论知识要求

4.2.1 了解

　　现行规范标准：

　　《木结构试验方法标准》GB/T 50329—2002；

　　《木结构设计手册》GB 50005—2003。

4.2.2 掌握

　　木结构齿连接、圆钢销连接、胶粘连接、胶合指形连接等检测方法。

4.3 操作考核要求

4.3.1 掌握

　　木结构连接节点检测方法。

5 木结构屋架承载力试验

5.1 考核参数

　　木屋架静力性能。

5.2 理论知识要求

5.2.1 了解

　　现行规范标准：

　　《木结构试验方法标准》GB/T 50329—2002；

　　《木结构设计规范》GB 50005—2003。

5.2.2 掌握

　　木屋架静力性能检测方法。

5.3 操作考核要求

5.3.1 掌握

　　木屋架静力性能检测方法。

6 木基结构板材检测

6.1 考核参数

　　木基结构板材弯曲性能。

6.2 理论知识要求

6.2.1 了解

　　现行规范标准：

　　《木结构试验方法标准》GB/T 50329—2002；

　　《木结构设计规范》GB 50005—2003。

6.2.2 掌握

　　木基结构板材弯曲性能检测方法。

6.3 操作考核要求

6.3.1 掌握

　　木基结构板材弯曲性能检测方法。

第五章　基坑监测

1 概述
1.1 考核参数
　　监测工作的基本要求、监测工作合理程序。
1.2 理论知识要求
1.2.1 了解
　　（1）监测工作的基本要求；
　　（2）监测工作合理程序。

2 基坑工程基本知识
2.1 考核参数
　　建筑基坑工程基本工作程序、各种基坑支护形式、基坑工程地下水和土方开挖的相关知识、基坑工程环境效应及对策、基本的基坑事故分析。
2.2 理论知识要求
2.2.1 了解
　　建筑基坑工程基本工作程序、各种基坑支护形式、基坑工程地下水和土方开挖的相关知识、基坑工程环境效应及对策、基本的基坑事故分析。

3 监测方案的编制
3.1 考核参数
　　监测方案编制原则、基坑安全等级、监测项目、监测仪器选择、巡视检查、精度、监测频率、报警值。
3.2 理论知识要求
3.2.1 了解
　　（1）相关规范：
　　《建筑基坑工程监测技术规范》GB 50497—2009；
　　《建筑基坑支护技术规程》JGJ 120—1999；
　　《建筑地基基础设计规范》GB 50007—2002；
　　《工程测量规范》GB 50026—2007；
　　《建筑变形测量规范》JGJ 8—2007；
　　《民用建筑可靠性鉴定标准》GB 50292—1999。
　　（2）监测方案编制原则。
3.2.2 熟悉
　　（1）编制方案需要收集的资料；
　　（2）巡视检查；
　　（3）监测频率；
　　（4）监测报警值。
3.2.3 掌握
　　（1）基坑安全等级；

　　(2)监测项目；

　　(3)监测方法及精度。

3.3 操作考核要求

3.3.1 了解

　　(1)基坑周边环境,包括道路、管线、建(构)筑物等,管线材质、规格等,建(构)筑物基础、结构、年代等；

　　(2)开挖深度、围护和降水方式、土方施工方案；

　　(3)工程地质情况；

　　(4)工期、监测频率。

3.3.2 熟悉

　　(1)基坑安全等级的确定；

　　(2)监测项目的选择；

　　(3)监测设备的选择；

　　(4)各项监测项目的报警值。

3.3.3 掌握

　　(1)监测点(孔)的布置；

　　(2)监测方法的选择。

4 位移监测

4.1 考核参数

　　基准点、工作基点、观测点、水平位移、垂直位移。

4.2 理论知识要求

4.2.1 了解

　　(1)基准点、工作基点、观测点的概念；

　　(2)变形监测的各项精度指标；

　　(3)测斜仪测量原理；

　　(4)分层沉降仪测量原理；

　　(5)水准测量原理。

4.2.2 熟悉

　　(1)规范规定的各项限差；

　　(2)基准点、工作基点、观测点的布置方法与原则；

　　(3)仪器的使用方法及注意事项；

　　(4)裂缝观测。

4.2.3 掌握

　　(1)水平位移和垂直位移的观测；

　　(2)深层位移的观测；

　　(3)建(构)筑物倾斜的观测。

4.3 操作考核要求

4.3.1 了解

　　(1)土体分层沉降的观测方法；

　　(2)测斜管埋设方法及注意事项；

　　(3)土体分层沉降监测点的埋设方法；

　　(4)光学水准仪 i 角检校。

4.3.2 熟悉

　　(1)工作基点的布置方法、注意事项；

　　(2)水平位移和垂直位移监测点的布置方法、注意事项；

　　(3)仪器设备的操作：经纬仪(全站仪)、水准仪、测斜仪等。

4.3.3 掌握

　　(1)小角法测量水平位移；

　　(2)二等水准测量(野外测量、内业处理数据)；

　　(3)测斜仪数据处理；

　　(4)建(构)筑物倾斜测量；

　　(5)裂缝观测点的布置及测量方法。

5 内力监测

5.1 考核参数

　　支撑轴力、土压力、孔隙水压力、锚杆和土钉拉力。

5.2 理论知识要求

5.2.1 了解

　　(1)钢弦式钢筋应力计测量内力原理；

　　(2)各种应力计、轴力计构造；

　　(3)土压力计测量原理。

5.2.2 熟悉

　　(1)应力计布置；

　　(2)土压力计布置；

　　(3)孔隙水压力计布置；

　　(4)锚杆、土钉拉力点选择原理。

5.2.3 掌握

　　支撑轴力测量和计算的方法。

5.3 操作考核要求

5.3.1 了解

　　应力计、轴力计实际安装的方法和注意事项。

5.3.2 熟悉

　　测试仪器的操作。

5.3.3 掌握

　　(1)根据测试对象选择测试元件；

　　(2)支撑轴力测量和计算的方法。

6 地下水位监测

6.1 考核参数

　　地下水位、潜水、承压水、止水帷幕。

6.2 理论知识要求

6.2.1 了解

　　(1)潜水、承压水概念；

　　(2)水位计测量原理。

6.2.2 熟悉

　　水位管布设原则与方法。

6.2.3 掌握

水位测量方法。

6.3 操作考核要求

6.3.1 了解

(1)场地地下水位埋深；

(2)基坑施工过程中降水与否；

(3)基坑降排水方案。

6.3.2 熟悉

(1)地下水位变化给基坑本身及周边环境带来的影响；

(2)降排水对基坑开挖的影响；

(3)水位管理设方法。

6.3.3 掌握

水位测量方法。

7 数据处理与信息反馈

7.1 考核参数

原始数据、数据处理、分析、信息反馈、报表、阶段报告、总结报告。

7.2 理论知识要求

7.2.1 了解

(1)信息反馈程序；

(2)相关规范(观测限差的要求、数字取位的要求等)。

7.2.2 熟悉

(1)监测资料应包含的内容；

(2)报表、报告格式及应包含的内容。

7.2.3 掌握

监测结果的反馈及判断。

7.3 操作考核要求

7.3.1 了解

根据监测数据,预估后期变形。

7.3.2 熟悉

(1)评判监测数据的可靠性、辨别并剔除错误监测数据；

(2)各种监测数据的内业处理(位移、水位、内力)。

7.3.3 掌握

(1)分析监测数据,评判基坑及其周边环境是否处于安全状态；

(2)监测报表的制作、阶段报告和总结报告编写。

市政基础设施检测

第一章　市政工程常用材料检测

1 土工

1.1 考核参数

　　含水率、密度、压实度、颗粒分析、界限含水量、击实、无机结合料抗压强度、贯入度、混合料级配、承载比值、水泥石灰剂量、粗粒土和巨粒土的最大干密度试验、有机质含量试验、易溶盐总量的测定。

1.2 理论知识要求

1.2.1 了解

　　（1）现行规范标准：

　　《土工试验方法标准》GB/T50123—1999；

　　《公路土工试验规程》JTG E40—2007；

　　《公路工程无机结合料稳定材料试验规程》JTJ057—1994；

　　《粉煤灰石灰道路基层施工及验收规程》CJJ 4—1997；

　　《土工试验规程》SL 237—1999；

　　《公路路面基层施工技术规范》JTJ 034—2000。

　　（2）上述现行标准中的相关内容。

1.2.2 熟悉

　　含水率、比重、颗粒分析、混合料级配、承载比值、贯入度的试验方法。

1.2.3 掌握

　　（1）密度压实度中环刀法、灌砂法试验方法；

　　（2）击实、无机结合料抗压强度、水泥石灰剂量、界限含水量的试验方法。

1.3 操作考核要求

1.3.1 了解

　　（1）液塑限联合测定仪的性能和使用方法；

　　（2）无机结合料抗压强度试件制备方法；

　　（3）界限含水量的试验样品的制备。

1.3.2 熟悉

　　（1）击实试验中干、湿法样品的制备；

　　（2）无机结合料抗压强度试验步骤；

　　（3）界限含水量试验步骤。

1.3.3 掌握

　　（1）密度压实度中环刀法、灌砂法试验步骤；

　　（2）击实试验步骤；

（3）石灰剂量试验步骤。

2 土工合成材料

2.1 考核参数

单位面积质量、厚度、当量孔径、拉伸强度、伸长率、渗透系数、顶破强力、纵向通水量、芯板压屈强度。

2.2 理论知识要求

2.2.1 了解

（1）现行技术标准及规范：

《公路土工合成材料试验规程》JTGE50—2006；

《公路工程土工合成材料》JT/T 513～521—2004；

《土工合成材料应用技术规范》GB50290—1998；

《公路土工合成材料应用技术规范》JTJ019—1998。

（2）土工合成材料分类、品种、规格；

（3）土工合成材料检测参数含义。

2.2.2 熟悉

（1）土工合成材料样品状态调节规定；

（2）土工合成材料试验方法原理。

2.2.3 掌握

土工合成材料检测数据处理及评定。

2.3 操作考核要求

2.3.1 了解

（1）试验取样要求和制备要求；

（2）纵向通水量、芯板压屈强度试验步骤。

2.3.2 熟悉

（1）拉力试验机仪器设备操作；

（2）渗透仪操作方法；

（3）厚度测试仪方法。

2.3.3 掌握

（1）单位面积质量试验步骤；

（2）厚度试验步骤；

（3）拉伸强度试验步骤；

（4）土工布渗透系数试验步骤。

3 水泥土

3.1 考核参数

配合比、抗压强度。

3.2 理论知识要求

3.2.1 了解

（1）现行技术标准及规范：

《软土地基深层搅拌加固法技术规程》YBJ 225—1991；

《建筑地基处理技术规范》JGJ 79—2002；

《粉体喷搅法加固软弱土层技术规范》TB 10113—1996。

（2）水泥土室内试验目的。

3.2.2 熟悉

(1)施工现场如何取土样;

(2)影响水泥土强度因素。

3.2.3 掌握

水泥土强度随龄期增长发展趋势。

3.3 操作考核要求

3.3.1 了解

(1)压力机适用范围及性能;

(2)试件成型试模规格。

3.3.2 熟悉

(1)水泥土配合比试验的操作程序;

(2)水泥土试件成型过程以及养护。

3.3.3 掌握

水泥土抗压强度试验方法。

4 石灰(建筑用石灰、道路用石灰)

4.1 考核参数

SiO_2、Fe_2O_3、Al_2O_3、CaO、MgO、石灰结合水、二氧化碳含量、烧失量、酸不溶物、细度、生石灰消化速度、未消化残渣含量、产浆量、消石灰粉体积安定性、游离水、有效钙加氧化镁含量。

4.2 理论知识要求

4.2.1 了解

(1)现行国家技术标准及规范:

《建筑石灰试验方法物理试验方法》JC/T 78.1—1992;

《建筑石灰试验方法 化学分析方法》JC/T 78.2—1992;

《建筑生石灰》JC/T 479—1992;

《建筑生石灰粉》JC/T 480—1992;

《建筑消石灰粉》JC/T 481—1992;

《公路工程无机结合料稳定材料试验规程》JTJ 057—1994;

《公路路面基层施工技术规范》JTJ 034—2000;

《粉煤灰石灰类道路基层施工及验收规程》CJJ 4—1997。

(2)石灰的分类及等级。

4.2.2 熟悉

(1)石灰检测参数技术指标;

(2)SiO_2、CaO、MgO、烧失量、酸不溶物、未消化残渣含量、产浆量、细度、游离水检测的方法原理。

4.2.3 掌握

(1)SiO_2、CaO、MgO、烧失量、酸不溶物、未消化残渣含量、有效钙加氧化镁含量计算公式及公式中各项的意义和公式的适用范围;

(2)EDTA标准溶液浓度及滴定度的计算步骤。

4.3 操作要求

4.3.1 了解

(1)分析天平、箱式电阻炉的性能及适用范围;

(2)建筑石灰样品的制备方法。

4.3.2 熟悉

(1)石灰的检测程序及试验要求；

(2)分析天平、箱式电阻炉、试样筛、干燥箱的操作方法；

(3)滴定终点的判定。

4.3.3 掌握

(1)SiO_2、CaO、MgO、的测定方法；

(2)石灰结合水的测定方法；

(3)二氧化碳含量的测定方法；

(4)烧失量的测定方法；

(5)酸不溶物游离水的测定方法；

(6)Fe_2O_3 的测定方法；

(7)Al_2O_3 的测定方法；

(8)CaO 的测定方法；

(9)MgO 的测定方法；

(10)细度的测定方法；

(11)有效氧化钙和氧化镁含量的测定方法。

5 道路用粉煤灰

5.1 考核参数

烧失量、SiO_2 和 Al_2O_3(Fe_2O_3)含量。

5.2 理论知识要求

5.2.1 了解

现行技术标准及规范：

《粉煤灰石灰类道路基层施工及验收规程》CJJ 4—1997；

《城镇道路工程施工与质量验收规范范》CJJ 1—2008；

《水泥化学分析方法》GB/T 176—2008。

5.2.2 熟悉

(1)SiO_2、Al_2O_3(Fe_2O_3)检测原理；

(2)烧失量方法。

5.2.3 掌握

(1)烧失量结果处理与评定；

(2)SiO_2 和 Al_2O_3(Fe_2O_3)含量评定。

5.3 操作考核要求

5.3.1 了解

所需化学试剂种类；

5.3.2 熟悉

SiO_2 和 Al_2O_3(Fe_2O_3)检测步骤；

5.3.3 掌握

烧失量检测步骤。

6 道路工程用粗细集料(粗、细骨料,矿粉、木质素纤维)

6.1 考核参数

(1)粗骨料:压碎值、洛杉矶法磨耗损失、表观密度、吸水率、坚固性、针片状颗粒含量、小于0.075mm 颗粒含量、软石含量、级配；

　　(2)细骨料:表观相对密度、坚固性、含泥量、砂当量、亚甲蓝值、棱角性、级配;

　　(3)矿粉:表观密度、亲水系数、塑性指数、加热安定性、外观、含水率、级配;

　　(4)木质素纤维:纤维长度、灰分含量、pH 值、吸油率、含水率。

6.2 理论知识要求

6.2.1 了解

　　(1)现行技术标准及规范:

　　《公路工程集料试验规程》JTG E42—2005;

　　《城镇道路工程施工与质量验收规范》CJJ1—2008。

　　(2)粗骨料基本概念;

　　(3)细骨料基本概念;

　　(4)矿粉基本概念;

　　(5)木质素纤维基本概念;

　　(6)木质素纤维:纤维长度、灰分含量、pH 值、吸油率、含水率试验方法。

6.2.2 熟悉

　　(1)各检测参数定义及目的;

　　(2)样品取样要求以及数量;

　　(3)粗骨料:表观密度、吸水率、坚固性、小于 0.075mm 颗粒含量、软石含量试验方法;

　　(4)细骨料:表观相对密度、含泥量、砂当量、亚甲蓝值试验方法;

　　(5)矿粉:塑性指数、加热安定性、外观、含水率试验方法。

6.2.3 掌握

　　(1)粗骨料:压碎值、洛杉矶法磨耗损失、针片状颗粒含量、级配试验方法以及技术指标;

　　(2)细骨料:坚固性、棱角性、级配试验方法以及技术指标;

　　(3)矿粉:表观密度、亲水系数、级配试验方法以及技术指标;

　　(4)各参数试验数据处理。

6.3 操作考核要求

6.3.1 了解

　　木质素纤维检测参数用仪器设备。

6.3.2 熟悉

　　(1)粗骨料、细骨料、矿粉参数用仪器设备;

　　(2)粗骨料:表观密度、吸水率、坚固性、小于 0.075mm 颗粒含量、软石含量试验步骤;

　　(3)细骨料:表观相对密度、含泥量、砂当量、亚甲蓝值试验步骤;

　　(4)矿粉:塑性指数、加热安定性、外观、含水率试验步骤。

6.3.3 掌握

　　(1)粗骨料:压碎值、洛杉矶法磨耗损失、针片状颗粒含量、级配试验步骤。

　　(2)细骨料:坚固性、棱角性、级配试验步骤;

　　(3)矿粉:表观密度、亲水系数、级配试验步骤。

7 埋地排水管

7.1 钢筋混凝土管

7.1.1 考核参数

　　外压荷载、内水压力、外观、尺寸。

7.1.2 理论知识要求

7.1.2.1 了解

(1)现行技术标准及规范：

《混凝土和钢筋混凝土排水管试验方法》GB/T 16752—2006；

《混凝土和钢筋混凝土排水管》GB/T 11836—2009；

《顶进施工法用钢筋混凝土排水管》JC/T 640—1996。

(2)混凝土管分类、规格、品种。

7.1.2.2 熟悉

(1)外观检查质量定义；

(2)钢筋混凝土管定义；

(3)裂缝荷载、破坏荷载的规定。

7.1.2.3 掌握

(1)内水压力试压制度及试验结果评定；

(2)外压荷载结果计算及评定。

7.1.3 操作考核要求

7.1.3.1 了解

(1)外观检查仪器和量具；

(2)内水压力试验设备组成；

(3)外压荷载试验设备组成。

7.1.3.2 熟悉

(1)外观检查方法；

(2)尺寸检查方法；

(3)内水压力试验方法；

(4)外压荷载试验方法。

7.1.3.3 掌握

(1)内水压力试验步骤；

(2)外压荷载试验步骤。

7.2 塑料排水管

7.2.1 考核参数

环刚度、环柔性、冲击性能、烘箱试验、接缝拉伸。

7.2.2 理论知识要求

7.2.2.1 了解

(1)现行技术标准及规范：

《埋地用聚乙烯(PE)结构壁管道系统　第1部分：聚乙烯双壁波纹管材》GB/T 19472.1—2004；

《埋地用聚乙烯(PE)结构壁管道系统　第2部分：聚乙烯缠绕结构壁管材》GB/T 19472.2—2004；

《埋地排水用硬聚氯乙烯(PVC－U)结构壁管道系统　第1部分：双壁波纹管材》GB/T 18477.1—2007；

《无压埋地排污、排水用硬聚氯乙烯(PVC－U)管材》GB/T 20221—2006；

《塑料试样状态调节和试验的标准环境》GB/T 2918—1998；

《热塑性塑料管材环刚度的测定》GB/T 9647—2003；

《塑料管道及输送系统　热塑性塑料管材环柔性的测定》ISO 13968—2007；

《热塑性塑料管材耐外冲击性能试验方法　时针旋转法》GB/T 14152—2001；

《热塑性塑料管材、管件维卡软化温度的测定》GB/T 8802—2001；

《塑料 拉伸性能的测定》GB/T 1040.1～5—2006；

《热塑性塑料管材 拉伸性能测定 第3部分:聚烯烃管材》GB/T 8804.3—2003；

《塑料管材尺寸测量方法》GB/T 8806—1988；

《塑料密度和相对密度试验方法》GB/T 1033—1986。

(2)塑料排水管基本概念。

(3)种类及特点。

7.2.2.2 熟悉

(1)破坏机理；

(2)各参数含义。

7.2.2.3 掌握

(1)样品数量、样品状态要求；

(2)环刚度、环柔性、冲击性能、烘箱试验、接缝拉伸试验方法；

(3)环刚度、环柔性、冲击性能、烘箱试验、接缝拉伸数值评定。

7.2.3 操作考核要求

7.2.3.1 了解

试验仪器精度要求。

7.2.3.2 熟悉

(1)样品制作要求；

(2)冲击性能、烘箱试验、接缝拉伸试验步骤。

7.2.3.3 掌握

环刚度、环柔性试验步骤。

7.3 玻璃纤维夹砂管

7.3.1 考核参数

环刚度。

7.3.2 理论知识要求

7.3.2.1 了解

(1)现行技术标准及规范:

《玻璃纤维增强塑料夹砂管》GB/T 21238—2007；

(2)分类、等级。

7.3.2.2 熟悉

环刚度定义。

7.3.2.3 掌握

环刚度试验方法。

7.3.3 操作考核要求

7.3.3.1 了解

仪器设备精度要求。

7.3.3.2 熟悉

样品制作、尺寸要求。

7.3.3.3 掌握

环刚度试验步骤。

8 路面砖与路缘石

8.1 路面砖

8.1.1 考核参数：

　　吸水率、抗冻性、抗压强度、抗折强度、外观尺寸、耐磨性。

8.1.2 理论知识要求：

8.1.2.1 了解

　　（1）现行技术标准及规范：

　　《混凝土路面砖》JC/T446—2000；

　　《无机地面材料耐磨性试验方法》GB/T12988—2009。

　　（2）分类及代号；

　　（3）外观尺寸、耐磨性试验方法。

8.1.2.2 熟悉

　　（1）分级；

　　（2）取样要求；

　　（3）吸水率、抗冻性试验方法。

8.1.2.3 掌握

　　（1）抗压强度、抗折强度试验方法；

　　（2）数据处理和评定。

8.1.3 操作考核要求

8.1.3.1 了解

　　（1）外观尺寸、耐磨性试验步骤；

　　（2）试验所用仪器设备。

8.1.3.2 熟悉

　　（1）吸水率、抗冻性试验步骤；

　　（2）抗压强度垫板要求。

8.1.3.3 掌握

　　（1）抗压强度试验步骤；

　　（2）抗折强度试验步骤。

8.2 路缘石

8.2.1 考核参数

　　吸水率、抗冻性、抗压强度、抗折强度、外观尺寸。

8.2.2 理论知识要求

8.2.2.1 了解

　　（1）现行技术标准及规范：

　　《混凝土路缘石》JC 899—2002；

　　（2）分类及代号；

　　（3）外观尺寸试验方法。

8.2.2.2 熟悉

　　（1）分级；

　　（2）取样要求；

　　（2）吸水率、抗冻性试验方法。

8.2.2.3 掌握

　　（1）抗压强度、抗折强度试验方法；

　　（2）数据处理和评定。

8.2.3 操作考核要求：

8.2.3.1 了解

　　（1）外观尺寸试验步骤；

　　（2）试验所用仪器设备。

8.2.3.2 熟悉

　　（1）吸水率、抗冻性试验步骤；

　　（2）样品制备要求；

　　（3）抗折装置要求。

8.2.3.3 掌握

　　（1）抗压强度试验步骤；

　　（2）抗折强度试验步骤。

9 沥青与沥青混合料

9.1 考核参数

　　密度、马歇尔稳定度、浸水马歇尔试验、沥青含量、矿料级配、饱水率、劈裂、弯曲、收缩系数、车辙试验、沥青混合料配合比设计。

9.2 理论知识要求

9.2.1 了解

　　（1）《公路工程沥青及沥青混合料试验规程》JTJ 052—2000；

　　（2）《沥青路面施工及验收规范》GB 50092—1996；

　　（3）沥青混合料配合比设计方法；

　　（4）《公路沥青路面施工技术规范》JTG F40—2004。

　　上述标准中的相关内容。

9.2.2 熟悉

　　（1）沥青混合料的种类；

　　（2）各检测参数的检测目的；

　　（3）密度试验方法的适用范围。

9.2.3 掌握

　　（1）马歇尔稳定度试验方法；

　　（2）沥青含量、矿料级配试验方法；

　　（3）密度试验方法。

9.3 操作考核要求

9.3.1 了解

　　（1）浸水力学天平、马歇尔稳定度仪、抽提设备的性能；

　　（2）矿料级配试验用筛孔径及排列顺序。

9.3.2 熟悉

　　（1）浸水力学天平、马歇尔稳定度仪、抽提设备的操作方法；

　　（2）马歇尔稳定度试件的制备方法和要求。

9.3.3 掌握

　　（1）密度试验操作步骤；

　　（2）马歇尔稳定度操作步骤；

　　（3）沥青含量操作步骤；

（4）矿料级配操作步骤。

10 路面石材与岩石

10.1 考核参数

（1）岩石：含水率、块体密度、吸水性、单轴抗压强度。

（2）石材：饱和抗压强度、饱和抗折强度、吸水率、外观质量。

10.2 理论知识要求

10.2.1 了解

（1）现行技术标准及规范：

《工程岩体试验方法》GB/T 50266—1999；

《公路工程岩石试验规程》JTG E41—2005；

《城镇道路工程施工与质量验收规范》CJJ1—2008。

（2）岩石分类、品种及有关参数的试验方法。

（3）外观质量要求。

10.2.2 熟悉

（1）岩石分类；

（2）根据不同类型岩石选用相应的岩石试验方法；

（3）路面石材吸水率方法。

10.2.3 掌握

（1）岩石取样、运送、贮存及样品制备方法；

（2）岩石试验方法及结果计算；

（3）路面石材饱和抗压强度、饱和抗折强度试验数据处理。

10.3 操作考核要求

10.3.1 了解

（1）试验仪器及设备；

（2）仪器的精度要求；

（3）相关参数试验仪器的组成。

10.3.2 熟悉

（1）岩石含水率试验方法；

（2）岩石块体密度试验方法；

（3）岩石吸水性试验方法；

（4）单轴抗压强度试验方法。

10.3.3 掌握

岩石：

（1）含水率试验步骤；

（2）岩石块体密度试验步骤；

（3）岩石吸水性试验步骤；

（4）岩石单轴抗压强度试验步骤。

路面石材：

（1）饱和抗压强度；

（2）饱和抗折强度。

11 检查井盖及雨水箅

11.1 考核参数

外观、尺寸、承载力、残留变形。

11.2 理论知识要求

11.2.1 了解

(1)现行技术标准及规范：

《铸铁检查井盖》CJ/T 3012—1993；

《再生树脂复合材料检查井盖》CJ/T 121—2000；

《钢纤维混凝土检查井盖》JC 889—2001；

《聚合物基复合材料检查井盖》CJ/T 211—2005；

《再生树脂复合材料水箅》CJ/T130—2001；

《钢纤维混凝土水箅盖》JC/T948—2005；

《聚合物基复合材料水箅》CJ/T212—2005。

(2)种类及代号；

(3)外观、尺寸试验方法。

11.2.2 熟悉

(1)基本概念；

(2)分级；

(3)取样要求。

11.2.3 掌握

(1)试验荷载值规定；

(2)裂缝荷载、破坏荷载含义；

(3)残留变形含义；

(4)数据处理和评定。

11.3 操作考核要求

11.3.1 了解

(1)外观尺寸试验步骤；

(2)试验所用仪器设备。

11.3.2 熟悉

试验机操作方法。

11.3.3 掌握

(1)承载力试验步骤；

(2)残留变形测量试验步骤；

(3)裂缝荷载、破坏荷载测定。

第二章　桥梁伸缩装置检测

1.1 考核参数

　　(1)模数式伸缩装置:分类、适用范围、构造特点、异型钢断面尺寸、伸缩装置构造尺寸、预留缝尺寸、对接缝要求、焊接质量、锚筋尺寸与间距、防腐层厚度、焊缝质量,橡胶止水带质量、平整度、直线度。

　　(2)梳齿式伸缩装置:适用范围、构造特点、梳齿钢板尺寸、组装要求。

　　(3)橡胶式伸缩装置:橡胶板式与组合式两种伸缩装置的区别、不同构造特点、适用范围、组装要求。

　　(4)异型钢单缝伸缩装置:适用范围、构造特点、对异型钢尺寸、重量要求、组装要求。

1.2 理论知识要求

1.2.1 了解

　　(1)现行国家规范、标准:

　　《公路桥梁伸缩装置》JT/T 327—2004;

　　《单元式多向变位梳形板桥梁伸缩装置》JT/T 723—2008;

　　《钢焊缝手工超声探伤结果分级》GB/T 11345;

　　《钢筋混凝土及预应力混凝土桥涵设计规范》JT/GD 62—2004;

　　《公路桥涵施工技术规范》JTJ 041—2000;

　　《城市桥梁养护技术规范》CJJ 99—2003、J 281—2003;

　　《公路桥涵养护技术规范》JT/CH 11—2004;

　　《钢结构设计规范》GB 50017—2003;

　　(2)桥梁伸缩装置的规格、品种、分类;

　　(3)不同伸缩装置的技术性能和不同使用范围要求;

　　(4)伸缩装置的用途和设计安装要求。

1.2.2 熟悉

　　(1)不同伸缩装置的性能指标、外观、尺寸及构造尺寸要求;

　　(2)模数伸缩装置、单缝伸缩装置对异型钢的尺寸和重量要求;

　　(3)对伸缩装置的焊接性能要求;

　　(4)对橡胶止水带的性能指标要求;

　　(5)对防腐涂装的技术指标要求。

1.2.3 掌握

　　(1)对不同伸缩装置的外观尺寸、构造尺寸、平整度、预留缝尺寸等检测结果的判定方法与判定依据;

　　(2)对焊缝检测结果的判定方法和判定依据;

　　(3)对橡胶止水带的质量检查判定方法与判定依据;

　　(4)对防腐涂层的检测结果的判定方法与判定依据;

　　(5)对不同伸缩装置安装质量的检测结果判定方法与判定依据。

1.3 操作考核要求

1.3.1 了解

(1)不同伸缩装置的外观检查要求和抽检数量;

(2)不同伸缩装置的安装构造尺寸和预留缝尺寸等对所用检测量具的要求;

(3)焊缝检测设备性能指标要求和抽检数量;

(4)橡胶止水带的检测要求;

(5)对防腐涂装的检测设备性能与检测要求。

1.3.2 熟悉

(1)不同伸缩装置的外观尺寸、构造尺寸、平整度及预留缝尺寸等的检测方法;

(2)焊缝质量检测设备的性能和使用方法及操作要点;

(3)防腐涂层检测设备的性能和使用方法及操作要点;

(4)伸缩装置的安装质量和对接缝安装位置及对接质量的检查要点;

(5)橡胶止水带的检测要点。

1.3.3 掌握

(1)不同伸缩装置外观尺寸、构造尺寸、平整度、预留缝尺寸等检测步骤和数据采集方法;

(2)焊缝质量检测部位选择和检测步骤;

(3)防腐涂装的检测部位、测点布置、检测方法与数据取值要求;

(4)不同伸缩装置的安装质量检查部位,对接缝的施工位置和对接质量检测要点;

(5)橡胶止水带的检测部位与检测方法。

第三章　桥梁橡胶支座检测

1.1 考核性能参数

(1)桥梁用橡胶支座主要考核参数:

(2)抗压弹性模量;

(3)抗剪弹性模量;

(4)抗剪粘结性能;

(5)抗剪老化;

(6)摩擦系数;

(7)表面硬度;

(8)极限抗压强度;

(9)盆式支座竖向压缩变形;

(10)盆环径向变形。

1.2 理论知识要求

1.2.1 了解

(1)了解橡胶支座分类与作用;

(2)了解各类橡胶支座分类及主要性能差别和要求;

(3)了解橡胶支座的形状系数(S)的定义、应用范围及性能要求;

(4)了解桥梁用普通橡胶支座抗压弹性模量、抗剪弹性模量的定义;

(5)了解桥梁用普通橡胶支座摩擦系数、极限抗压强度的定义;

(6)了解桥梁用普通橡胶支座抗剪粘结性能和抗剪老化性能的定义;

(7)了解桥梁用盆式橡胶支座竖向压缩变形和径向变形定义。

(8)了解现行执行标准:

《橡胶支座　第1部分:隔震橡胶支座试验方法》GB/T 20688.1—2007;

《橡胶支座　第2部分:桥梁隔震橡胶支座》GB 20688.2—2006;

《橡胶支座　第3部分:建筑隔震橡胶支座》GB 20688.3—2006;

《橡胶支座　第4部分:普通橡胶支座》GB 20688.4—2007;

《公路桥梁板式橡胶支座规格系列》JT/T 663—2006;

《公路桥梁板式橡胶支座》JT/T 4—2004;

《公路钢筋混凝土及预应力混凝土桥涵设计规范》JTGD 62—2004;

《公路桥梁盆式橡胶支座》JT 391—2009;

《铁路桥梁板式橡胶支座》TB 1893—2006;

《铁路桥梁盆式橡胶支座》TB/T 2331—2004;

《建筑隔震橡胶支座》JG 118—2000;

《球型支座技术条件》GB/T 17955—2000。

(9)了解国标与交通行业标准及铁路行业标准间的差别。

1.2.2 熟悉

(1)熟悉桥梁用普通橡胶支座的主要参数和检测评定方法;

（2）熟悉桥梁用盆式橡胶支座主要参数和检测评定方法；

（3）熟悉各类橡胶支座的检测方法及对检测设备的精度要求。

1.2.3 掌握

（1）掌握各类桥梁用橡胶支座的标志标识方法；

（2）掌握各类桥梁用橡胶支座的取样批规定；

（3）掌握桥梁用普通橡胶支座的抗压弹性模量检测和评定方法；

（4）掌握桥梁用普通橡胶支座的抗剪弹性模量检测和评定方法；

（5）掌握桥梁用普通橡胶支座的摩擦系数的检测和评定方法；

（6）掌握桥梁用普通橡胶支座的极限抗压的检测和评定方法；

（7）掌握桥梁用普通橡胶支座的形状系数和中间层橡层厚度的的检测和评定方法；

（8）掌握桥梁用盆式橡胶支座极限抗压强度的检测和评定方法；

（9）掌握桥梁用盆式橡胶支座竖向压缩变形的检测和评定方法；

（10）掌握桥梁用盆式橡胶支座径向变形的检测和评定方法；

（11）掌握各类橡胶支座的复检取样方法及不合格判定的准则。

1.3 操作要求

1.3.1 了解

（1）了解桥梁用普通橡胶支座力学性能的检测方法和取样数量；

（2）了解桥梁用盆式橡胶支座力学性能的检测和评定方法；

（3）了解桥梁用盆式橡胶支座外观的检测和评定方法；

（4）了解桥梁用普通橡胶支座抗剪粘结性能和老化性能的检测方法和取样数量；

（5）了解桥梁用普通橡胶支座解剖检验方法和评定要求；

（6）了解桥梁用普通橡胶支座硬度的检测方法和和评定要求；

（7）了解各类橡胶支座检测对相关试验设备精度的技术要求。

1.3.2 熟悉

（1）强度指标检测对压力试验机的精度要求和夹具要求；

（2）变形指标检测对引伸计的精度要求和安装要求；

（3）对加载速度的要求与控制范围；

（4）抗压弹性模量检测流程和评定方法；

（5）抗剪弹性模量检测流程和评定方法；

（6）摩擦系数检测流程和评定方法；

（7）极限抗压的检测流程和评定方法；

（8）形状系数和中间层橡层厚度的检测流程和评定方法；

（9）竖向压缩变形的检测流程和评定方法。

1.3.3 掌握

（1）抗压弹性模量的检测方法及检测结果的正确表达方式；

（2）抗剪弹性模量的检测方法及检测结果的正确表达方式；

（3）摩擦系数的检测方法及检测结果的正确表达方式；

（4）极限抗压的检测方法及检测结果的正确表达方式；

（5）竖向压缩变形的检测方法及检测结果的正确表达方式；

（6）径向变形的检测方法及检测结果的正确表达方式。

第四章 市政道路检测

1.1 考核参数

密度、压实度、构造深度、摩擦系数、弯沉、回弹模量、平整度。

1.2 理论知识要求

1.2.1 了解

（1）典型的路面结构；

（2）常用的面层材料和基层材料；

（3）道路设计和施工技术规范以及道路检测的现行标准；

（4）《公路路基路面现场测试规程》JTGE60—2008。

1.2.2 熟悉

（1）道路使用性能与路面参数的关系；

（2）材料性能与路面参数的关系；

（3）《路基路面试验检测技术》，交通部试验检测技术培训教材，人民交通出版社，2000年。

1.2.3 掌握

（1）密度的工程意义及计算；

（2）压实度的计算方法；

（3）回弹模量的计算方法；

（4）检测结果的判定方法和判定依据。

1.3 操作考核要求

1.3.1 了解

浸水天平、灌砂筒、摆式摩擦仪、贝克曼梁的构造性能。

1.3.2 熟悉

（1）面层及基层压实度的要求；

（2）路表构造深度、摩擦系数及平整度的要求。

1.3.3 掌握

（1）沥青混合料及半刚性材料的密度测试方法；

（2）面层及基层压实度的测试方法；

（3）构造深度及路面摩擦系数的测试方法；

（4）弯沉及回弹模量的测试方法；

（5）平整度的测试方法。

第五章 市政桥梁检测

1.1 考核参数

(1)静载试验:应力-应变、静力位移(挠度)、裂缝、残余变形,静载效率系数等;

(2)动载试验:动应变、竖向振幅、自振频率、冲击系数、加速度等,动力特性、动载效率系数。

1.2 理论知识要求

1.2.1 了解

(1)现行规范标准:

《公路桥涵设计通用规范》JTJ 021—2004;

《公路钢筋混凝土及预应力桥涵混凝土设计规范》JTGD 62—2004;

《公路桥涵施工技术规范》JTJ 041—2000;

《公路桥涵养护技术规范》JTGH11—2004;

《城市桥梁养护技术规范》CJJ99—2003;

交通部《公路旧桥承载力鉴定方法》(试行)人民交通出版社,1998 年;

(2)常见的和典型的桥梁结构形式(混凝土桥、钢结构桥、拱桥、斜拉桥、悬索桥等);

(3)不同桥梁结构形式的主要性能指标;

(4)桥梁静、动载试验的目的和任务。

1.2.2 熟悉

(1)桥梁静、动载试验的加载方法和试验要求;

(2)《桥涵工程试验检测技术》,人民交通出版社2004 年;

(3)桥梁结构主要检测参数和静、动载试验常用检测仪器。

1.2.3 掌握

(1)静载试验:应力-应变、挠度(含残余变形)、裂缝和静载效率系数等检测结果的数据处理方法;

(2)动载试验:动应变、竖向振幅、自振频率、冲击系数、加速度等检测结果的数据处理方法;

(3)桥梁结构静、动载试验的检测结果的性能评定及评定依据。

1.3 操作考核要求

1.3.1 了解

(1)不同桥梁结构静、动载试验的测点布置方法(应变、挠度、振幅、频率、加速度等);

(2)常用静、动载检测仪器的性能和选用;

(3)混凝土桥裂缝的种类和裂缝性质、检测部位;

(4)静、动载试验的荷载选择原则和方法。

1.3.2 熟悉

(1)检测仪器的安装方法;

(2)静态应变仪、位移传感器、裂缝读数放大镜等仪器的使用方法和使用注意事项;

(3)动态应变仪、振动传感器等仪器的使用方法。

1.3.3 掌握

(1)桥梁结构静、动载试验加载程序和加载方法;

（2）静载试验：应变、挠度、裂缝、残余变形等的测试方法和数据采集方法；

（3）动载试验：动应变、振幅、频率、加速度、冲击系数等的测试方法和数据采集方法。

建筑节能与环境检测

第一章　建筑节能检测

1 板类建筑材料

1.1 考核参数

　　厚度、表观密度、尺寸稳定性、抗拉强度、导热系数、热阻、压缩强度、抗压强度、吸水率。

1.2 理论知识要求

1.2.1 了解

　　(1)现行技术标准及规范：

　　《绝热用模塑聚苯乙烯泡沫》GB/T 10801.1—2002；

　　《绝热用挤塑聚苯乙烯泡沫》GB/T 10801.1—2002；

　　《膨胀聚苯板薄抹灰外墙外保温系统》JG 149—2003；

　　《胶粉聚苯颗粒外墙外保温系统》JG 158－2004；

　　《水泥基复合保温砂浆建筑保温系统技术规程》DGJ 32/J22—2006；

　　《民用建筑节能工程施工质量验收规范》DGJ 32/J19—2006；

　　《外墙外保温工程技术规程》JGJ 144－2004；

　　《建筑保温砂浆》GB/T 20473—2006；

　　《聚氨酯硬泡外墙外保温工程技术导则》；

　　《硬泡聚氨酯防水工程技术规范》GB 50404—2007；

　　《建筑物隔热用硬质聚氨酯泡沫塑料》QB/T 3806—1999；

　　(2)燃烧性能分级的意义。

1.2.2 熟悉

　　(1)各种建筑板材的取样要求；

　　(2)检测各种建筑板材时,对环境的要求。

1.2.3 掌握

　　厚度、表观密度、尺寸稳定性、抗拉强度、导热系数、热阻、压缩强度、抗压强度、吸水率的计算方法。

1.3 操作考核的要求

1.3.1 了解

　　(1)以上各参数对仪器设备的要求；

　　(2)以上各参数检测时所需的样品数量。

1.3.2 熟悉

　　(1)厚度的测量方法；

　　(2)导热系数与热阻的关系。

1.3.3 掌握

（1）表观密度试验方法；

（2）尺寸稳定性试验方法；

（3）抗拉强度试验方法；

（4）导热系数试验方法；

（5）压缩强度、抗压强度试验方法；

（6）吸水率试验方法。

2 保温抗裂界面砂浆胶粘剂

2.1 考核参数

拉伸粘结原强度、浸水拉伸粘结强度、耐冻融拉伸粘结强度、压剪粘结原强度、浸水压剪粘结强度、耐冻融压剪粘结强度、可操作（使用）时间、压折比。

2.2 理论知识要求

2.2.1 了解

（1）现行技术标准及规范：

《建筑节能工程施工质量验收规范》GB 50411—2007；

《硬泡聚氨酯保温防水工程技术规范》GB/T 50404—2007；

《胶粉聚苯颗粒外墙外保温系统》JG 158—2004；

《膨胀聚苯板薄抹灰外墙外保温系统》JG 149—2003；

《外墙外保温工程技术规程》JGJ 144—2004；

《建筑节能标准 建筑节能工程施工质量验收规程》DGJ32/J 19—2007；

《建筑节能标准 水泥基复合保温砂浆建筑保温系统技术规程》DGJ32/J 22—2006；

（2）保温抗裂界面砂浆胶粘剂的种类及定义；

（3）压折比、耐冻融、压剪粘结强度的检测原理。

2.2.2 熟悉

拉伸粘结强度的各种检测方法和数量。

2.2.3 掌握

掌握抗裂抹面、界面砂浆、胶粘剂拉伸粘结原强度、耐水拉伸粘结强度试验结果的计算和判定依据。

2.3 操作考核要求

2.3.1 了解

检测对温度、湿度的要求。

2.3.2 熟悉

各种试验所需的样品数量和制备方法。

2.3.3 掌握

（1）拉伸粘结原强度的试验步骤；

（2）浸水拉伸粘结强度的试验步骤。

3 绝热材料

3.1 考核参数

尺寸偏差、外观质量、密度、导热系数、抗压强度、抗折强度、质量含水率、燃烧性能。

3.2 理论知识要求

3.2.1 了解

（1）绝热材料概念及分类；

（2）传热的基本原理；

(3)各检测参数的测试原理；

(4)绝热材料性能试验的现行技术标准及规范。

3.2.2 熟悉

(1)导热系数防护热板法测定的基本原理；

(2)抗压强度测定的基本原理。

3.2.3 掌握

(1)各检测参数的试验方法及判定依据；

(2)导热系数的物理意义；

(3)主要参数计算公式和物理意义。

3.3 操作考核要求

3.3.1 了解

(1)主要检测仪器设备的性能及适用范围；

(2)检测环境要求；

(3)检测对样品的要求；

(4)仪器校准的知识。

3.3.2 熟悉

(1)仪器设备的操作方法；

(2)检测程序及试验要求；

(3)检测试样的制备。

3.3.3 掌握

主要检测参数的试验步骤。

4 电焊网

4.1 考核性能参数

丝径、网孔大小、焊点抗拉力、镀锌层质量。

4.2 理论知识要求

4.2.1 了解

(1)了解热镀锌电焊网检测项目的现行标准：

《胶粉聚苯颗粒外墙外保温系统》JG 158—2004；

《水泥基复合保温砂浆建筑外墙保温系统技术规程》DGJ 32/J22—2006；

《镀锌电焊网》QB/T 3897—1999。

(2)热镀钢丝网的概念及其检测参数的含义。

4.2.2 熟悉

(1)热镀锌电焊网检测参数的性能指标；

(2)热镀锌电焊网检测试验用术语、符号、单位；

(3)热镀锌电焊网检测试验的抽样、复检规定。

4.2.3 掌握

热镀锌电焊网检测数据计算、处理及评定。

4.3 操作要求

4.3.1 了解

(1)检测设备的性能、适用范围及一般要求；

(2)仪器校准方面的知识；

(3)检测环境的要求；

　　(4)样品的技术要求。

4.3.2 熟悉

　　(1)检测程序及试验要求;

　　(2)仪器的操作方法;

　　(3)样品的取样与制备。

4.3.3 掌握

　　(1)丝径试验方法;

　　(2)网孔大小试验方法;

　　(3)焊点抗拉力试验方法;

　　(4)镀锌层质量试验方法。

5 网格布

5.1 考核参数

　　外观、长度、宽度、网孔中心距、单位面积质量、断裂强力、耐碱强力保留率、断裂伸长率、涂塑量。

5.2 理论知识要求

5.2.1 了解

　　(1)现行技术标准及规范:

　　《胶粉聚苯颗粒外墙外保温系统》JG 158—2004;

　　《水泥基复合保温砂浆建筑保温系统技术规程》DGJ 32/J22—2006;

　　《外墙外保温工程技术规程》JGJ 144—2004;

　　《膨胀聚苯板薄抹灰外墙外保温系统》JG 149—2003;

　　《纤维玻璃化学分析方法》GB/T 1549—2008;

　　《耐碱玻璃纤维网布》JC/T 841—2007;

　　《增强用玻璃纤维网布 第 2 部分:聚合物基外墙外保温用玻璃纤维网布》JC 561.2—2006;

　　《增强材料机织物试验方法　第 2 部分:经、纬密度的测定》GB/T 7689.2—2001;

　　《增强材料机织物试验方法　第 3 部分:宽度和长度的测定》GB/T 7689.3—2001;

　　《增强材料机织物试验方法　第 5 部分:玻璃纤维拉伸断裂强力和断裂伸长的测定》GB/T 7689.5—2001;

　　《增强制品试验方法　第 2 部分:玻璃纤维可燃物含量的测定》GB/T 9914.2—2001;

　　《增强制品试验方法　第 3 部分:单位面积质量的测定》GB/T 9914.3—2001;

　　《玻璃纤维网布耐碱性试验方法　氢氧化钠溶液浸泡法》GB/T 20102;

　　(2)应了解网格布的分类及在不同标准中性能指标的区别与联系。

5.2.2 熟悉

　　(1)检测参数技术指标;

　　(2)主要检测方法原理。

5.2.3 掌握

　　各检测参数的试验方法及判定依据。

5.3 操作考核要求

5.3.1 了解

　　(1)主要检测仪器(拉力机、烘箱等)的性能及适用范围;

　　(2)检测环境要求;

5.3.2 熟悉

　　(1)仪器设备的操作方法;

(2)检测程序及试验要求；

(3)检测试样的制备。

5.3.3 掌握

(1)单位面积质量试验步骤；

(2)断裂强力试验步骤；

(3)耐碱强力保留率试验步骤；

(4)耐碱断裂强力试验步骤；

(5)断裂伸长率试验步骤。

6 保温系统试验室检测

6.1 考核参数

拉伸粘结原强度、浸水拉伸粘结强度、耐冻融拉伸粘结强度、压剪粘结原强度、浸水压剪粘结强度、耐冻融压剪粘结强度、可操作(使用)时间、压折比。

6.2 理论知识要求

6.2.1 了解

(1)现行技术标准及规范：

《建筑节能工程施工质量验收规范》GB 50411—2007；

《硬泡聚氨酯保温防水工程技术规范》GB/T 50404—2007；

《胶粉聚苯颗粒外墙外保温系统》JG 158—2004；

《膨胀聚苯板薄抹灰外墙外保温系统》JG 149—2003；

《外墙外保温工程技术规程》JGJ 144—2004；

《建筑节能标准 建筑节能工程施工质量验收规程》DGJ32/J 19—2007；

《建筑节能标准 水泥基复合保温砂浆建筑保温系统技术规程》DGJ32/J 22—2006；

(2)保温系统的种类及定义；

(3)吸水量、耐冻融、耐候性、抗风压性能、拉拔粘结强度的检测原理。

6.2.2 熟悉

拉伸粘结强度的各种检测方法和数量。

6.3 操作考核要求

6.3.1 了解

检测对温度、湿度的要求。

6.3.2 熟悉

各种试验所需的样品数量和制备方法。

6.3.3 掌握

(1)拉伸粘结原强度的试验步骤；

(2)浸水拉伸粘结强度的试验步骤。

7 热工性能现场检测

7.1 考核参数

热阻、传热阻、传热系数。

7.2 理论知识要求

7.2.1 了解

(1)现行技术标准及规范：

《建筑节能工程施工质量验收规范》GB 50411—2007；

《民用建筑节能工程现场热工性能检测标准》DGJ 32/J 23—2006；

《夏热冬冷地区居住建筑节能设计标准》JGJ 134—2001；

《绝热材料稳态热阻及有关特性的测定 防护热板法》GB/T 10294—2008；

（2）有关建筑节能的相关文件、规定。

7.2.2 熟悉

（1）围护结构的热阻、传热阻、传热系数的定义及公式；

（2）围护结构的传热系数检测方法的原理；

（3）围护结构的热工性能试验的抽样规定。

7.2.3 掌握

（1）围护结构的传热系数检测用热流计法中仪器设备安装；

（2）围护结构的传热系数检测用热流计法的计算。

7.3 操作考核要求

7.3.1 了解

热流计法的影响因素。

7.3.2 熟悉

各种试验方法的检测原理。

7.3.3 掌握

围护结构的传热系数检测用热流计法。

8 围护结构实体

8.1 考核性能参数

带有保温层的建筑外墙及其节能构造。

8.2 理论知识要求

8.2.1 了解

（1）了解外墙节能构造钻芯检验方法的现行标准：

《建筑节能工程施工质量验收规范》GB 50411—2007；

（2）现场实体检验的概念；

（3）外墙节能构造钻芯检验的适用范围。

8.2.2 熟悉

（1）外墙节能构造钻芯检验的方法原理；

（2）检测试验的检测规则；

（3）检测试验的抽样规定。

8.2.3 掌握

外墙节能构造钻芯检验方法的判定标准、报告内容及取样后处理。

8.3 操作要求

8.3.1 了解

（1）检测设备的性能、适用范围及一般要求；

（2）仪器校准方面的知识；

（3）检测环境的要求；

（4）检测方法的适应条件。

8.3.2 熟悉

（1）检测程序及试验要求；

（2）仪器的操作方法；

（3）芯样的判断；

（4）样品的取样的部位和数量要求。

8.3.3 掌握

（1）钻取芯样的试验步骤；

（2）钻取芯样时的注意事项；

（3）对钻取芯样的检查方法。

9 幕墙玻璃、建筑外窗

9.1 考核参数

气密性、门窗保温性能、中空玻璃、玻璃可见光透射比、遮阳系数。

9.2 理论知识要求

9.2.1 了解

（1）现行技术标准及规范：

《建筑外窗气密性能分级及检测方法》GB/T 717—2002；

《建筑外窗保温性能分级及检测方法》GB/T 8484—2002；

《中空玻璃》GB/T 11944—2002；

《建筑玻璃 可见光透射比、太阳光直接透射比、太阳能总透射比、紫外线透射比及有关窗参数的测定》GB/T 2680—1994；

（2）建筑外窗产品术语、产品分类、主材与辅材的相关标准和基本概念。

9.2.2 熟悉

（1）检测参数的技术分级指标。

（2）门窗气密性能的检测原理、建筑外窗保温性能检测原理、玻璃可见光透射比、遮阳系数检测原理、中空玻璃露点检测原理。

抽样、复检的相关规定。

9.2.3 掌握

（1）考核参数的适用范围；

（2）数据处理和判定依据。

9.3 操作考核要求

9.3.1 了解

（1）检测环境要求；

（2）检测设备工作原理；

（3）检测样品的要求。

9.3.2 熟悉

（1）检测程序和要求；

（2）检测设备的操作方法；

（3）不同窗型的装夹方法和测力点的布置；

（4）样品的制作与处理。

9.3.3 掌握

（1）主要参数的试验流程与步骤；

（2）检测数据的处理与评判。

10 门窗

10.1 考核参数

气密性、门窗保温性能、中空玻璃、玻璃可见光透射比、遮阳系数。

10.2 理论知识要求

10.2.1 了解

(1)现行技术标准及规范：

《建筑外窗气密性能分级及检测方法》GB/T 717—2002；

《建筑外窗保温性能分级及检测方法》GB/T 8484—2002；

《中空玻璃》GB/T 11944—2002；

《建筑玻璃 可见光透射比、太阳光直接透射比、太阳能总透射比、紫外线透射比及有关窗参数的测定》GB/T 2680—1994；

(2)建筑外窗产品术语、产品分类、主材与辅材的相关标准和基本概念。

10.2.2 熟悉

(1)检测参数的技术分级指标。

(2)门窗气密性能的检测原理、建筑外窗保温性能检测原理、玻璃可见光透射比、遮阳系数检测原理、中空玻璃露点检测原理。

抽样、复检的相关规定。

10.2.3 掌握

(1)考核参数的适用范围；

(2)数据处理和判定依据。

10.3 操作考核要求

10.3.1 了解

(1)检测环境要求；

(2)检测设备工作原理；

(3)检测样品的要求。

10.3.2 熟悉

(1)检测程序和要求；

(2)检测设备的操作方法；

(3)不同窗型的装夹方法和测力点的布置；

(4)样品的制作与处理。

10.3.3 掌握

(1)主要参数的试验流程与步骤；

(2)检测数据的处理与评判。

11 保温系统节能检测

11.1 通风空调(净化)系统使用功能检测

11.1.1 考核参数

风速、风量、温度、压力。

11.1.2 理论知识要求

11.1.2.1 了解

空调系统的分类。

11.1.2.2 熟悉

新风机组的基本工作原理。

11.1.2.3 掌握

(1)通风空调(净化)系统的基本术语；

(2)通风空调系统常用的空气状态参数；

(3)风管风量测试孔设置的基本原则。

11.1.3 操作考核要求：

11.1.3.1 掌握

　　(1)空气调节系统常用检测仪器的操作方法和使用注意事项；

　　(2)空调机组的动压、静压、全压概念及其测量方法；

　　(3)矩形风管和圆形风管的风量测量及计算方法；

　　(4)风口风量的测量及计算方法；

　　(5)温度、相对湿度、噪声的测试点布置原则及测量方法。

11.2 给水系统(含空调冷热水、冷却水总流量和机组水流量)流量检测

11.2.1 考核参数

　　水流量、流速。

11.2.2 理论知识要求

11.2.2.1 了解

　　水路系统的基本组成部分。

11.2.2.2 掌握

　　(1)水流量系统的基本名次、术语及影响流量的基本因素；

　　(2)水流量测试测点的设置原则。

11.2.3 操作考核要求

11.2.3.1 掌握

　　(1)水流量测试前的准备工作；

　　(2)水流量测试仪的操作方法和使用要求；

　　(3)水流量测试作程序及注意事项。

11.3 室内平均照度和照明功率密度

11.3.1 考核参数

　　功率密度。

11.3.2 理论知识要求

11.3.2.1 了解

　　相关术语。

11.3.2.2 掌握

　　(1)检测抽样方法；

　　(2)照度测量条件；

　　(3)掌握平均照度、照明功率密度的计算方法；

　　(4)掌握平均照度、照明功率密度的测量判定原则。

11.3.3 操作考核要求

11.3.3.1 熟悉

　　仪器操作要求及注意事项。

11.3.3.2 掌握

　　(1)照度测量的测点布置方法；

　　(2)仪器操作要求及注意事项；

　　(3)照度的测量方法。

12 风机盘管试验室检测

12.1 耐压和密封性检查试验

12.1.1 考核参数

盘管耐压性、盘管密封性。

12.1.2 理论知识要求

12.1.2.1 了解

现行技术标准及规范：

《采暖、通风、空调、净化设备 术语》GB/T 16803—1997。

12.1.2.2 熟悉

现行技术标准及规范：

《风机盘管机组》GB/T 19232—2003。

12.1.2.3 掌握

耐压试验保压时间、密封性试验保压时间、试验环境温度。

12.1.3 操作考核要求

12.1.3.1 了解：气压浸水法

12.1.3.2 熟悉

（1）抽样检测；

（2）检测工具、仪器的使用和操作。

12.1.3.3 掌握

气压浸水法操作方法。

12.2 启动和运转试验

12.2.1 考核参数

额定电压、风机风速档。

12.2.2 理论知识要求

12.2.2.1 了解

现行技术标准及规范：

《采暖、通风、空调、净化设备 术语》GB/T 16803—1997。

12.2.2.2 熟悉

现行技术标准及规范：

《风机盘管机组》GB/T 19232—2003。

12.2.2.3 掌握

风机各风速档。

12.2.3 操作考核要求

12.2.3.1 了解

（1）风机各档转速；

（2）操作程序及相关要求；

（3）操作所需的环境条件。

12.2.3.2 熟悉

（1）抽样检测；

（2）检测工具、仪器的使用和操作。

12.2.3.3 掌握

启动和运转检测方法。

12.4 风量试验

12.4.1 考核参数

出口静压、机组风量、输入功率、机组高中低三档的出口静压、机组高中低三档风量、喷嘴流量系数、喷嘴面积、喷嘴前后的静压差或喷嘴喉部的动压、喷嘴处空气密度、机组出口空气全压、大气压力、机组出口热力学温度。

12.4.2 理论知识要求

12.4.2.1 了解

(1)现行技术标准及规范：

《采暖、通风、空调、净化设备 术语》GB/T 16803—1997；

(2)试验装置的组成和原理；

(3)各试验参数的基本概念。

12.4.2.2 熟悉

现行技术标准及规范：

《风机盘管机组》GB/T 19232—2003。

12.4.2.3 掌握

(1)所涉及的公式计算；

(2)评测方法和依据。

12.4.3 操作考核要求

12.4.3.1 了解

(1)空气流量测量装置；

(2)检测程序及相关要求。

12.4.3.2 熟悉

(1)抽样检测；

(2)检测工具、仪器的使用和操作。

12.4.3.3 掌握

风机盘管机组风量、出口静压、输入功率的检测方法。

12.5 供热量、供冷量试验

12.5.1 考核参数

标准状态下湿工况的风量、风侧供冷量和显冷量、水侧供冷量、实测供冷量、两侧供冷量平衡误差；风侧供热量、水侧供热量、实测供热量、两侧供热量平衡误差。

12.5.2 理论知识要求

12.5.2.1 了解

(1)现行技术标准及规范：

《采暖、通风、空调、净化设备 术语》GB/T 16803—1997；

(2)试验装置的组成和原理；

(3)各试验参数的基本概念。

12.5.2.2 熟悉

现行技术标准及规范：

《风机盘管机组》GB/T 19232—2003。

12.5.2.3 掌握

所涉及的公式计算。

12.5.3 操作考核要求

12.5.3.1 了解

(1)空气预处理设备、风路系统、水路系统及控制系统；

(2)检测程序及相关要求；

(3)环境条件要求。

12.5.3.2 熟悉

(1)抽样检测；

(2)检测工具、仪器的使用和操作。

12.5.3.3 掌握

湿工况风量、供冷量和供热量检测方法。

12.6 水阻试验

12.6.1 考核参数

盘管进出水压降、最大流量值、最小流量值。

12.6.2 理论知识要求

12.6.2.1 了解

(1)现行技术标准及规范：

《采暖、通风、空调、净化设备　术语》GB/T 16803—1997；

(2)试验装置的组成和原理；

(3)各试验参数的基本概念。

12.6.2.2 熟悉

现行技术标准及规范：

《风机盘管机组》GB/T 19232—2003。

12.6.2.3 掌握

水量与水阻曲线图。

12.6.3 操作考核要求

12.6.3.1 了解

(1)水阻测量装置的组成；

(2)检测程序及相关要求；

(3)检测环境条件要求。

12.6.3.2 熟悉

检测工具、仪器的使用和操作。

12.6.3.3 掌握

(1)水阻测量装置的操作方法；

(2)绘制水量与水阻曲线。

12.7 噪声试验

12.7.1 考核参数

干球温度、湿球温度、1/3 倍频带中心频率、高中低三档运行时的声压级。

12.7.2 理论知识要求

12.7.2.1 了解

(1)现行技术标准及规范：

《采暖、通风、空调、净化设备　术语》GB/T 16803—1997；

(2)试验装置的组成和原理；

(3)各试验参数的基本概念。

12.7.2.2 熟悉

现行技术标准及规范：

《风机盘管机组》GB/T 19232—2003。

12.7.2.3 掌握

(1) 声学环境要求；

(2) 不同机组测点位置的选择。

12.7.3 操作考核要求

12.7.3.1 了解

(1) 声级计适用范围及原理；

(2) 检测程序及相关要求。

12.7.3.2 熟悉

(1) 抽样检测；

(2) 检测工具、仪器、软件的使用和操作。

12.7.3.3 掌握

(1) 噪声测量室声学环境要求；

(2) 不同风量条件下用声级计测出高、中、低三档风量时的声压级。

12.8 凝露试验

12.8.1 考核参数

干球温度、湿球温度、供水温度、水温差、风机转速、出口静压。

12.8.2 理论知识要求

12.8.2.1 了解

(1) 技术标准及规范：

《采暖、通风、空调、净化设备术语》GB/T 16803—1997；

(2) 试验装置的组成和原理；

(3) 各试验参数的基本概念。

12.8.2.2 熟悉

现行技术标准及规范：

《风机盘管机组》GB/T 19232—2003。

12.8.2.3 掌握

评测方法和依据。

12.8.3 操作考核要求

12.8.3.1 了解

(1) 试验装置的组成及原理；

(2) 检测程序及相关要求；

(3) 环境条件要求。

12.8.3.2 熟悉

(1) 抽样检测；

(2) 检测工具、仪器的使用和操作。

12.8.3.3 掌握

试验装置的检测方法。

12.9 凝结水处理试验

12.9.1 考核参数

干球温度、湿球温度、供水温度、水温差、风机转速、出口静压。

12.9.2 理论知识要求

12.9.2.1 了解

（1）技术标准及规范：

《采暖、通风、空调、净化设备 术语》GB/T 16803—1997；

（2）试验装置的组成和原理；

（3）各试验参数的基本概念。

12.9.2.2 熟悉

技术标准及规范：

《风机盘管机组》GB/T 19232—2003。

12.9.2.3 掌握

评测方法和依据。

12.9.3 操作考核要求

12.9.3.1 了解

（1）试验装置的组成及原理；

（2）检测程序及相关要求；

（3）环境条件要求。

12.9.3.2 熟悉

（1）抽样检测；

（2）检测工具、仪器的使用和操作。

12.9.3.3 掌握

试验装置的检测方法。

12.10 绝缘电阻试验

12.10.1 考核参数

绝缘电阻（冷态）、绝缘电阻（热态）。

12.10.2 理论知识要求

12.10.2.1 了解

现行技术标准及规范：

《采暖、通风、空调、净化设备 术语》GB/T 16803—1997；

《建筑电气工程施工质量验收规范》GB 50303—2002。

12.10.2.2 熟悉

现行技术标准及规范：

《风机盘管机组》GB/T 19232—2003。

12.10.2.3 掌握

（1）所涉及的公式计算；

（2）修约规则、评测方法和依据；

12.10.3 操作考核要求。

12.10.3.1 了解

（1）绝缘电阻测试仪的性能、适用范围及原理；

（2）检测程序及相关要求；

（3）环境条件要求。

12.10.3.2 熟悉

（1）抽样检测；

（2）检测工具、仪器的使用和操作。

12.10.3.3 掌握

绝缘电阻的检测方法。

12.11 电气强度试验

12.11.1 考核参数

交流电压、频率。

12.11.2 理论知识要求

12.11.2.1 了解

技术标准及规范：

《采暖、通风、空调、净化设备 术语》GB/T 16803—1997；

《建筑电气工程施工质量验收规范》GB 50303—2002。

12.11.2.2 熟悉

(1)技术标准及规范：

《风机盘管机组》GB/T 19232—2003；

(2)检测项目、要求和方法。

12.11.2.3 掌握

修约规则、评测方法和依据。

12.11.3 操作考核要求

12.11.3.1 了解

(1)检测程序及相关要求；

(2)环境条件要求。

12.11.3.2 熟悉

(1)抽样检测；

(2)检测工具、仪器的使用和操作。

12.11.3.3 掌握

电气强度的检测方法。

12.12 电机绕组温升试验

12.12.1 考核参数

干球温度、湿球温度、供水温度、水温差、风机转速、出口静压、电机绕组电阻、电机绕组温度。

12.12.2 理论知识要求

12.12.2.1 了解

技术标准及规范：

《采暖、通风、空调、净化设备 术语》GB/T 16803—1997；

《旋转电机 定额和性能》GB 755—2000。

12.12.2.2 熟悉

(1)技术标准及规范：

《风机盘管机组》GB/T 19232—2003；

(2)检测项目、要求和方法。

12.12.2.3 掌握

(1)所涉及的计算公式；

(2)评测方法和依据。

12.12.3 操作考核要求

12.12.3.1 了解

(1)电阻法检测程序及相关要求；

（2）环境条件要求。

12.12.3.2 熟悉

（1）抽样检测；

（2）检测工具、仪器的使用和操作。

12.12.3.3 掌握

用电阻法测量电机绕组电阻和温度的检测方法。

12.13 泄露电流试验

12.13.1 考核参数

干球温度、湿球温度、供水温度、水温差、风机转速、出口静压、额定电压。

12.13.2 理论知识要求

12.13.2.1 了解

技术标准及规范：

《采暖、通风、空调、净化设备 术语》GB/T 16803—1997；

《建筑电气工程施工质量验收规范》GB 50303—2002。

12.13.2.2 熟悉

（1）技术标准及规范：

《风机盘管机组》GB/T 19232—2003；

（2）检测项目、要求和方法。

12.13.2.3 掌握

修约规则、评测方法和依据。

12.13.3 操作考核要求

12.13.3.1 了解

（1）电源质量分析仪性能、适用范围及原理；

（2）检测程序及相关要求；

（3）环境条件要求。

12.13.3.2 熟悉

（1）抽样检测；

（2）检测工具、仪器的使用和操作。

12.13.3.3 掌握

泄露电流的检测方法。

12.14 接地电阻试验

12.14.1 考核参数

接地电阻。

12.14.2 理论知识要求

12.14.2.1 了解

技术标准及规范：

《采暖、通风、空调、净化设备 术语》GB/T 16803—1997；

《建筑电气工程施工质量验收规范》GB 50303—2002。

12.14.2.2 熟悉

（1）技术标准及规范：

《风机盘管机组》GB/T 19232—2003；

（2）接地检测项目、要求和方法。

12.14.2.3 掌握

修约规则、评测方法和依据。

12.14.3 操作考核要求

12.14.3.1 了解

(1)接地电阻测试仪的性能、适用范围及原理；

(2)检测程序及相关要求；

(3)环境条件要求。

12.14.3.2 熟悉

(1)抽样检测；

(2)检测工具、仪器的使用和操作。

12.14.3.3 掌握

接地电阻的检测方法。

12.15 湿热试验

12.15.1 考核参数

绝缘电阻。

12.15.2 理论知识要求

12.15.2.1 了解

技术标准及规范：

《采暖、通风、空调、净化设备 术语》GB/T 16803—1997；

《电子电工产品基本环境试验规程 试验 Ca：恒定湿热试验方法》GB/T 2423.3。

12.15.2.2 熟悉

技术标准及规范：

《风机盘管机组》GB/T 19232—2003。

12.15.2.3 掌握

修约规则、评测方法和依据。

12.15.3 操作考核要求

12.15.3.1 了解

(1)绝缘电阻测试仪的性能、适用范围及原理；

(2)检测程序及相关要求；

(3)环境条件要求。

12.15.3.2 熟悉

(1)抽样检测；

(2)检测工具、仪器的使用和操作。

12.15.3.3 掌握

湿热试验的检测方法。

13 太阳能热水系统

13.1 考核参数

日有用得热量,升温性能,贮水箱保温性能。

13.2 理论知识要求

13.2.1 了解

(1)现行标准及规范：

《家用太阳热水系统技术条件》GB/T 19141—2003；

《太阳热水系统性能评定规范》GB/T 20095—2006；

《太阳热水系统设计、安装及工程验收技术规范》GB/T 18713—2002；

《家用太阳热水系统热性能试验方法》GB/T 18708—2002；

《建筑太阳能热水系统设计、安装与验收规范》；

《太阳能热水系统检测规程》；

(2)热力学的基本知识；

(3)太阳辐射的基本知识；

(4)各类检测仪器的原理。

13.2.2 熟悉

(1)太阳能热水器的定义、分类与命名；

(2)热性能检测的环境条件；

(3)集热器各种面积的计算。

13.2.3 掌握

(1)日用得热量的计算；

(2)升温性能计算；

(3)贮水箱保温性能的计算。

13.3 操作要求

13.3.1 了解

(1)各种检测仪器的性能及适用范围；

(2)热性能检测对气象条件的要求。

13.3.2 熟悉

(1)影响热性能检测质量的各种环境因素；

(2)热性能各项判定指标；

(3)各种集热器及分散式热水器和储热水箱中检测仪器设备的现场安装。

13.3.3 掌握

(1)掌握各种仪器的操作；

(2)掌握日有用得热量、升温性能、贮水箱保温性能的检测方法；

(3)掌握整个检测的操作过程。

14 太阳能热水设备试验室检测。

14.1 考核参数

瞬时效率截距、总热损系数、日有用得热量、平均热损因数。

14.2 理论知识要求

14.2.1 了解

(1)现行标准及规范：

《家用太阳热水系统技术条件》GB/T 19141—2003；

《太阳热水系统性能评定规范》GB/T 20095—2006；

《太阳热水系统设计、安装及工程验收技术规范》GB/T 18713—2002；

《家用太阳热水系统热性能试验方法》GB/T 18708—2002；

《太阳能集热器热性能试验方法》GB/T 4271—2007；

《建筑太阳能热水系统设计、安装与验收规范》；

《太阳能热水系统检测规程》。

(2)热力学的基本知识；

(3)太阳辐射的基本知识；

(4)各类检测仪器的原理；

(5)太阳入射角与集热器之间的关系；

(6)基本术语的定义。

14.2.2 熟悉

(1)太阳能热水器的定义、分类与命名；

(2)热性能检测的环境条件；

(3)集热器各种面积的计算；

(4)涂层太阳吸收比、透明盖板太阳透射比的基本知识。

14.2.3 掌握

(1)日有用得热量的计算；

(2)升温性能计算；

(3)贮水箱保温性能的计算。

14.3 操作要求

14.3.1 了解

(1)各种检测仪器的性能及适用范围；

(2)热性能检测对气象条件的要求。

14.3.2 熟悉

(1)影响热性能检测质量的各种环境因素；

(2)热性能各项判定指标；

(3)各种集热器及分散式热水器和储热水箱中检测仪器设备的现场安装。

14.3.3 掌握

(1)掌握各种仪器的操作；

(2)掌握日有用得热量、升温性能、贮水箱保温性能的检测方法；

(3)掌握整个检测的操作过程；

(4)涂层太阳吸收比、透明盖板太阳透射比检测方法。

第二章　室内环境检测

1 室内空气有害物质

1.1 考核参数

　　甲醛、氨气、氡气、苯、总挥发性有机物。

1.2 理论知识要求

1.2.1 了解

　　(1)现行技术标准及规范:

　　《公共场所空气中氨测定方法》GB/T 18204.25—2000;

　　《公共场所空气中甲醛测定方法》GB/T 18204.26—2000;

　　《民用建筑工程室内环境污染控制规范》GB 50325—2001。

　　(2)了解室内空气中污染物的种类及来源。

1.2.2 熟悉

　　(1)熟悉标准的适用范围;

　　(2)熟悉溶液配制、标定等化学基本操作和化学基础知识;

　　(3)熟悉甲醛、氨、氡气、苯、TVOC 的浓度限量要求及检测原理;

　　(4)熟悉检测布点的原则。

1.2.3 掌握

　　(1)掌握甲醛、氨、苯、TVOC 检测技术及标准曲线的绘制;

　　(2)掌握气相色谱仪的操作原理;

　　(3)掌握分光光度计的操作原理。

1.3 操作考核要求

1.3.1 了解

　　(1)了解室内空气中污染物的种类、来源及预防措施;

　　(2)了解现有的检测方法。

1.3.2 熟悉

　　(1)熟悉溶液配制、标定等化学基本操作;

　　(2)熟悉室内空气中污染物限量值;

　　(3)熟悉规范对工程验收的要求。

1.3.3 掌握

　　(1)掌握气相色谱仪的操作技术;

　　(2)掌握分光光度计的操作技术;

　　(3)掌握甲醛、氨、苯、TVOC 标准曲线的绘制及计算方法;

　　(4)掌握现场采样方法及计算过程。

2 土壤有害物质

2.1 考核参数

　　氡浓度、氡析出率。

2.2 理论知识要求

2.2.1 了解

　　(1)现行技术标准与规范:

《民用建筑工程室内环境污染控制规范》GB 50325—2001。

　　(2)了解水文地质知识。

　　(3)了解土壤类别。

2.2.2 熟悉

　　(1)熟悉土壤氡检测布点原则;

　　(2)熟悉土壤氡检测的工作条件;

　　(3)熟悉土壤氡的测量方法种类。

2.2.3 掌握

　　(1)掌握土壤氡浓度的检测和计算方法;

　　(2)掌握土壤氡析出率的检测和计算方法。

2.3 操作考核要求

2.3.1 了解

　　土壤的分类。

2.3.2 熟悉

　　(1)熟悉现场布点方法;

　　(2)熟悉测量仪器的性能;

　　(3)熟悉防氡措施的分类。

2.3.3 掌握

　　(1)掌握检测仪器的操作;

　　(2)掌握氡浓度和氡析出率的检测方法和计算。

3 人造木板

3.1 考核参数

　　甲醛、甲醛释放量、含量、含水率、胶合板、细木工板、纤维板、饰面人造板。

3.2 理论知识要求

3.2.1 了解

　　(1)现行技术标准与规范:

《室内装饰装修材料人造板及其制品中甲醛释放限量》GB18580—2001;

《人造板及饰面人造板理化性能试验方法》GB/T17657—1999。

　　(2)了解人造木板的类别;

　　(3)甲醛在人造木板中的作用;

　　(4)了解甲醛的危害及预防措施。

3.2.2 熟悉

　　(1)熟悉溶液配制、标定等化学基本操作和化学基础知识;

　　(2)熟悉人造板的种类及相应的检测方法;

　　(3)熟悉各检测方法的判断标准。

3.2.3 掌握

　　(1)干燥器法检测人造板的原理及分析方法;

　　(2)穿孔萃取法检测人造板的原理及分析方法;

　　(3)气候箱法检测人造板的原理及分析方法。

3.3 操作考核要求

3.3.1 了解

(1)了解人造木板的分类；

(2)了解不同人造木板所对应的检测方法。

3.3.2 熟悉

(1)熟悉有关的化学知识；

(2)熟悉人造木板的样品的制备；

(3)熟悉人造木板检测的标准曲线绘制；

(4)熟悉各检测方法的计算。

3.3.3 掌握

(1)干燥器法检测人造板的步骤；

(2)穿孔萃取法检测人造板的步骤；

(3)气候箱法检测人造板的步骤。

4 胶粘剂有害物质

4.1 考核参数

甲醛、苯、甲苯、二甲苯、甲苯二异氰酸酯、总挥发性有机物。

4.2 理论知识要求

4.2.1 了解

(1)现行技术标准及规范：

《室内装饰装修材料　胶粘剂中有害物质限量》GB18583—2001；

《胶粘剂不挥发物含量的测定》GB/T2793—1995；

《液态胶粘剂密度的测定　重量杯法》GB/T13354—1992；

《化学试剂　水分测定通用方法》GB/T 606—2003。

(2)了解胶粘剂的种类。

4.2.2 熟悉

(1)熟悉标准的适用范围；

(2)熟悉溶液配制、标定等化学基本操作和化学基础知识。

4.2.3 掌握

(1)掌握外标法检测技术及标准曲线的绘制；

(2)掌握游离甲醛测定方法及标准曲线的绘制过程；

(3)掌握总挥发性有机化合物的检测方法。

4.3 操作考核要求

4.3.1 了解

(1)了解胶粘剂的种类；

(2)了解胶粘剂有害物质限量。

4.3.2 熟悉

(1)熟悉溶液配制、标定等化学基本操作；

(2)熟悉胶粘剂有害物质限量值；

(3)熟悉样品处理过程。

4.3.3 掌握

(1)掌握气相色谱仪的操作技术；

(2)掌握分光光度计的操作；

(3)掌握苯系及甲苯二异氰酸酯物标准曲线的绘制及计算方法；

(4)掌握甲醛标准曲线的绘制及计算方法。

5 涂料有害物质

5.1 考核参数

甲醛、苯、甲苯、二甲苯、甲苯二异氰酸酯、总挥发性有机物。

5.2 理论知识要求

5.2.1 了解

(1)现行技术标准及规范：

《室内装饰装修材料　内墙涂料中有害物质限量》GB18582—2008；

《色漆、清漆和塑料　不挥发物含量的测定》GB/T1725—2007；

《色漆和清漆　密度的测定　比重瓶法》GB/T 6750—2007；

《化学试剂　水分测定通用方法》GB/T 606—2003。

(2)了解涂料的种类。

5.2.2 熟悉

(1)熟悉标准的适用范围；

(2)熟悉溶液配制、标定等化学基本操作和化学基础知识。

5.2.3 掌握

(1)掌握内标法检测技术及标准曲线的绘制；

(2)掌握游离甲醛测定方法及标准曲线的绘制过程；

(3)掌握总挥发性有机化合物的检测方法；

(4)掌握苯系物及甲苯二异氰酸酯测定方法及标准曲线的绘制过程。

5.3 操作考核要求

5.3.1 了解

(1)了解涂料的种类；

(2)了解涂料有害物质限量。

5.3.2 熟悉

(1)熟悉溶液配制、标定等化学基本操作；

(2)熟悉涂料有害物质限量值；

(3)熟悉样品处理过程。

5.3.3 掌握

(1)掌握气相色谱仪的操作技术；

(2)掌握分光光度计的操作技术；

(3)掌握苯系物及甲苯二异氰酸酯标准曲线的绘制及计算方法；

(4)掌握甲醛标准曲线的绘制及计算方法。

6 建筑材料放射性核素镭、钍、钾

6.1 考核参数

镭、钍、钾、内照射、外照射、活度、比活度。

6.2 理论知识要求

6.2.1 了解

(1)现行技术标准与规范：

《建筑材料放射性核素限量》GB6566—2001。

(2)放射性对人体的危害。

6.2.2 熟悉

（1）内照射的定义；

（2）外照射的定义；

（3）放射性活度的定义；

（4）放射性比活度的定义。

6.2.3 掌握

（1）掌握内照射指数的判定标准；

（2）掌握外照射指数的判定标准。

6.3 操作考核要求

6.3.1 了解

样品的制备过程。

6.3.2 熟悉

（1）熟悉内照射指数的计算方法；

（2）熟悉外照射指数的计算方法。

6.3.3 掌握

（1）掌握低本底能谱仪仪器的操作；

（2）掌握内照射指数判定标准；

（3）掌握外照射指数判定标准。

建筑安装工程与建筑智能检测

第一章　空调系统检测

1.综合效能

1.1 考核参数

　　静压差、风口风量、风管风量、室内温湿度、噪声、漏光法检测与漏风量测试、水流量。

1.2 理论知识要求

1.2.1 了解

1.2.1.1 检测依据

　　包括规范、图纸、设计文件和设备的技术资料等,分以下两类:

　　(1)设计类

　　1)《采暖通风与空气调节设计规范》GB 50019—2003;

　　2)空气调节设计手册;

　　3)实用供热空调设计手册;

　　4)民用建筑空调设计技术措施。

　　(2)施工安装类

　　1)《通风与空调工程施工质量验收规范》GB 50243—2002;

　　2)《采暖通风与空气调节术语标准》GB 50155—1992;

　　3)《通风与空调施工工艺标准手册》。

1.2.1.2 熟悉

　　(1)空调区的温湿度、噪声的检测;

　　(2)空调风系统的风量检测;

　　(3)空调水系统水流量检测;

　　(4)空调风系统;

　　(5)空调水系统;

　　(6)空调主设备。

1.2.1.3 掌握

　　(1)空调系统供电;

　　(2)空调系统的控制功能。

1.3 操作考核要求

1.3.1 了解

　　(1)空调风系统的稳流区;

　　(2)空调水系统的稳流区;

　　(3)空调设备运行情况。

1.3.2 熟悉

(1)空调区的温湿度、噪声的检测；

(2)空调风系统的风量检测；

(3)空调水系统水流量检测。

1.3.3 掌握

(1)漏光法检测与漏风量测试；

(2)静压差的测试。

2 洁净室测试

2.1 考核参数

风量或风速、静压差、空气过滤器泄露、空气洁净度等级、室内浮游菌和沉降菌、室内空气温度和相对湿度、单向流洁净室截面平均速度、速度不均匀度、室内噪声。

2.2 理论知识要求

2.2.1 了解

(1)《洁净厂房设计规范》GB 50073—2001；

(2)《通风与空调工程施工质量验收规范》GB 50243—2002；

(3)《洁净室施工及验收规范》JGJ 71—1990；

(4)洁净空调的基本概念及其与一般空调的区别；

(5)空气洁净技术的原理和应用。

2.2.2 熟悉

(1)洁净室的洁净度等级的确定；

(2)洁净室各参数检测的理论依据；

(3)洁净室各参数检测采样点的数量、采样量、采样点的布置。

2.2.3 掌握

(1)洁净室风量、风速的判定规则；

(2)洁净室静压差的判定规则；

(3)空气洁净度等级及悬浮粒子浓度限值；

(4)单向流洁净室截面平均速度、速度不均匀度的判定规则。

2.3 操作考核要求

2.3.1 了解

(1)洁净室凡有试运转要求的设备的单机试运转；

(2)洁净室的设计要求和设计图纸；

(3)进入洁净室检测的制度与纪律。

2.3.2 熟悉

(1)洁净室检测仪器、仪表的原理；

(2)洁净室检测前的准备工作；

(3)洁净室测试报告的内容。

2.3.3 掌握

(1)洁净室检测的顺序和检测项目；

(2)洁净室风量或风速的检测方法；

(3)洁净室静压差的检测方法；

(4)空气过滤器泄露的检测方法；

(5)空气洁净度等级的检测方法；

(6)室内浮游菌和沉降菌的检测方法；

（7）室内空气温度和相对湿度的检测方法、单向流洁净室截面平均速度、速度不均匀度的检测方法、室内噪声的检测方法；

（8）洁净室检测仪器、仪表的使用方法。

第二章　建筑水电检测

1 给水排水系统

1.1 考核参数

　　水压试验、灌水试验、通球试验。

1.2 理论知识要求

1.2.1 了解

　　(1)给水排水系统的组成;

　　(2)给水排水系统安装基本知识。

1.2.2 熟悉

　　(1)现行国家规范:

　　《建筑给水排水及采暖工程施工质量验收规范》GB 50242—2002;

　　(2)水压试验的压力要求;

　　(3)灌水试验的基本要求;

　　(4)通球试验的基本要求。

1.2.3 掌握

　　(1)水压试验的步骤和判定规则;

　　(2)灌水试验的步骤和判定规则;

　　(3)通球试验的步骤和判定规则。

1.3 操作考核要求

1.3.1 了解

　　(1)水压试验前的准备工作;

　　(2)灌水试验的准备工作;

　　(3)通球试验的准备工作。

1.3.2 熟悉

　　(1)水压试验接管方法、试压泵的使用和要求;

　　(2)灌水试验的操作和要求;

　　(3)通球试验的操作和要求。

1.3.3 掌握

　　(1)水压试验的步骤和判别;

　　(2)灌水试验水压试验的步骤和判别;

　　(3)通球试验的步骤和判别。

2 绝缘、接地电阻

2.1 考核参数

　　绝缘电阻、接地电阻。

2.2 理论知识要求

2.2.1 了解

　　(1)电路基本知识;

　　（2）绝缘电阻概念和测试目的；

　　（3）接地电阻概念和分类。

2.2.2 熟悉

　　（1）现行国家规范

　　《建筑电气工程质量验收规范》GB 50303—2002；

　　（2）绝缘电阻测试的标准值；

　　（3）接地系统的组成和测试要求。

2.2.3 掌握

　　（1）绝缘电阻的步骤和判定规则；

　　（2）接地电阻的步骤和判定规则。

2.3 操作考核要求

2.3.1 了解

　　（1）绝缘电阻测试前的准备工作；

　　（2）接地电阻测试前的准备工作。

2.3.2 熟悉

　　（1）绝缘电阻测试仪的使用方法；

　　（2）接地电阻测试仪的使用方法。

2.3.3 掌握

　　（1）绝缘电阻测试的步骤和判别；

　　（2）接地电阻测试的步骤和判别。

3 防雷接地系统

3.1 考核参数

　　防雷接地系统（接地装置、引下线、接闪器、均压环、雷电电磁脉冲屏蔽、等电位、SPD）。

3.2 理论知识要求

3.2.1 了解

　　（1）雷电的产生；

　　（2）防雷等级和防雷措施；

　　（3）防雷建筑物的分类；

　　（4）防雷装置的组成。

3.2.2 熟悉

　　（1）现行国家规范：

　　《建筑电气工程质量验收规范》GB 50303—2002；

　　《建筑物防雷装置检测技术规范》GB/T 21431－2008；

　　《建筑物防雷设计规范》GB 50057—2000。

　　（2）外部防雷装置的测试要求；

　　（3）内部防雷装置的测试要求。

3.2.3 掌握

　　防雷接地系统检测的步骤和判定规则。

3.3 操作考核要求

3.3.1 了解

　　防雷接地系统检测的准备工作。

3.3.2 熟悉

（1）接地电阻测试仪、毫欧表、土壤电阻率测试仪等电气仪表的使用方法；

（2）经纬仪、钢尺、游标卡尺等测量仪器的使用方法。

3.3.3 掌握

防雷接地系统的测试过程和判定。

4 电线电缆

4.1 考核参数

绝缘厚度、绝缘层老化前后抗张强度（变化率）、绝缘层老化前后断裂伸长率（变化率）、导体电阻、绝缘电阻、电压试验、垂直燃烧。

4.2 理论知识要求

4.2.1 了解

（1）检测依据；

（2）新（旧）标准差别，相关概念与术语；

（3）电线电缆命名规则。

4.2.2 熟悉

（1）产品标准的内容和使用；

（2）试样制备的准备工作、制备试样的过程和处理方法；

（3）各参数检测的环境要求、设备要求。

4.2.3 掌握

各参数检测过程与结果判定方法。

4.3 操作考核要求

4.3.1 了解

（1）产品型号的解读；

（2）试验室环境温度与样品的预处理。

4.3.2 熟悉

（1）产品标准的选用；

（2）试样制备的准备工作、制备试样的过程和处理方法；

（3）各参数检测的设备要求。

4.3.3 掌握

各参数检测过程的动手能力与结果判定方法准确性。

5 排水管材（件）

5.1 考核参数

颜色、外观、规格尺寸、拉伸屈服强度、落锤冲击试验、维卡软化温度、纵向回缩率、坠落试验、烘箱试验、密度、二氯甲烷浸渍试验。

5.2 理论知识要求

5.2.1 了解

5.2.1.1 现行执行标准：

《塑料试样状态调节和试验的标准环境》GB/T 2918—1998；

《建筑排水用硬聚氯乙烯管材》GB/T 5836.1—2006；

《建筑排水用硬聚氯乙烯管件》GB/T 5836.2—006；

《塑料管材尺寸测量方法》GB/T 8806—1988；

《硬质塑料管材弯曲度测量方法》GB/T 8805—1988（标准号改为 QB/T 2803—2006）；

《热塑性塑料管材　第1部分：拉伸性能测定》GB/T 8804.1—2003 试验方法总则；

《热塑性塑料管材　第2部分:拉伸性能测定》GB/T 8804.2—2003 硬聚氯乙烯(PVC－U)、氯化聚乙烯(PVC－C)和高抗冲聚氯乙烯(PVC－HI)管材;

《热塑性塑料管材纵向回缩率的测定》GB/T 6671—2001;

《热塑性塑料管材、管件维卡软化温度的测定》GB/T 8802—2001;

《热塑性塑料管材耐冲击性能试验方法》GB/T 14152—2001 时针旋转法;

《硬聚氯乙烯(PVC－U)管件坠落试验方法》GB/T 8801—2007;

《注塑成型硬质聚氯乙烯(PVC－U)、氯化聚氯乙烯(PVC－C)、丙烯腈－丁二烯－苯乙烯三元共聚物(ABS)和丙烯腈－苯乙烯－丙烯酸盐三元共聚物(ASA)管件 热烘箱试验方法》GB/T 8803—2001;

《塑料密度和相对密度试验方法》GB/T 1033—2008;

《硬聚氯乙烯(PVC－U)管材 二氯甲烷浸渍试验方法》GB/T 13526—2007。

5.2.2 熟悉

(1)外观尺寸、密度、二氯甲烷浸渍试验方法;

(2)管材、管件的抽样方法、抽样数量及复验要求;

(3)各种试验方法的原理。

5.2.3 掌握

(1)拉伸屈服强度、纵向回缩率的计算方法;

(2)拉伸屈服强度、落锤冲击试验、维卡软化温度、纵向回缩率、坠落试验、烘箱试验的判定规则。

5.3 操作考核要求

5.3.1 了解

(1)样品的状态调节;

(2)试样在试验前的预处理;

(3)纵向回缩率、烘箱试验对烘箱的要求;

(4)密度检测程序。

5.3.2 熟悉

(1)维卡仪、拉伸试验机、落锤试验机的操作;

(2)拉伸试验对试验速度的要求;

(3)外观、尺寸检测方法;

(4)坠落试验的检测程序;

(5)二氯甲烷浸渍试验程序。

5.3.3 掌握

(1)掌握落锤冲击试验的试验步骤;

(2)掌握拉伸试验的步骤;

(3)掌握管件烘箱试验的步骤。

6 给水管材(件)

6.1 考核参数

静液压试验、纵向回缩率、简支梁冲击。

6.2 理论知识要求

6.2.1 了解

(1)PP－R、PE、PVC－U 给水管材管件的规格型号;

(2)给水管材管件的几何尺寸、管系列(S)的定义。

6.2.2 熟悉

（1）试验室环境温度要求；

（2）熟悉各种试验方法的原理。

6.2.3 掌握

（1）管材和管件静液压试验方法和判定；

（2）纵向回缩率试验方法和判定；

（3）简支梁冲击试验方法和判定。

6.3 操作考核要求

6.3.1 了解

（1）了解样品的状态调节要求；

（2）了解耐压和简支梁冲击试验机性能及型号。

6.3.2 熟悉

（1）熟悉耐内压试验中各种密封接头的形式；

（2）熟悉管材管件尺寸测量方法。

6.3.3 掌握

（1）静液压、纵向回缩率、简支梁冲击试验样品的制备；

（2）耐内压试验步骤；

（3）纵向回缩率试验步骤；

（4）简支梁冲击试验步骤。

7 阀门

7.1 考核参数

壳体试验、密封试验、上密封试验。

7.2 理论知识要求

7.2.1 了解

（1）阀门的分类；

（2）阀门的基本知识。

7.2.2 熟悉

（1）现行国家规范：《通用阀门 压力试验》GB/T 13927—1992；

（2）壳体试验的步骤和判定规则；

（3）密封试验的步骤和判定规则；

（4）上密封试验的步骤和判定规则。

7.2.3 掌握

（1）壳体试验的步骤和判定规则；

（2）密封试验的步骤和判定规则；

（3）上密封试验的步骤和判定规则。

7.3 操作考核要求

7.3.1 了解

（1）壳体试验前的准备工作；

（2）密封试验的准备工作；

（3）上密封试验的准备工作。

7.3.2 熟悉

（1）壳体试验前的操作和要求；

（2）密封试验的操作和要求；

(3)上密封试验的操作和要求。

7.3.3 掌握

(1)壳体试验的步骤和判别；

(2)密封试验的步骤和判别；

(3)上密封试验的步骤和判别。

8 电工套管

8.1 考核参数

外观、套管壁厚均匀度测定、套管规格尺寸测定、套管抗压性能测定、套管抗冲击性能测定、套管弯曲性能测定、套管弯扁性能测定、套管及配件跌落性能测定、套管及配件耐热性能测定、阻燃性能测定、电气性能测定。

8.2 理论知识要求

8.2.1 了解

(1)电工套管的特点；

(2)现行国家规范：

《建筑用绝缘电工套管及配件》JG 3050—1998；

《建筑内部装修设计防火规范》GB 50222—1995；

《塑料用氧指数法测定燃烧行为》GB/T 2406—2008。

(3)了解各种规格电工套管的表示方法。

8.2.2 熟悉

(1)电工套管各项试验的样品数量；

(2)电工套管的电气性能包括哪些试验；

(3)各种试验的方法原理。

8.2.3 掌握

(1)抗压试验的计算方法；

(2)电工套管所有试验步骤及判定规则。

8.3 操作考核要求

8.3.1 了解

(1)样品的状态调节；

(2)试样在试验前的预处理；

(3)套管抗冲击性能测定、套管弯曲性能测定、套管弯扁性能测定、套管及配件跌落性能测定、套管及配件耐热性能测定在使用烘箱及低温箱时的温度要求。

8.3.2 熟悉

(1)弯曲仪器的使用；

(2)冲击试验仪的使用；

(3)阻燃试验对火焰的要求及施加火焰时间；

(4)熟悉外观、套管壁厚均匀度测定、套管规格尺寸测定。

8.3.3 掌握

(1)掌握套管抗压性能测定；

(2)掌握套管抗冲击性能测定；

(3)掌握套管弯曲性能测定；

(4)掌握套管弯扁性能测定；

(5)掌握套管及配件跌落性能测定；

(6)掌握套管及配件耐热性能测定；

(7)掌握阻燃性能测定；

(8)掌握电气性能测定。

9 开关

9.1 考核参数

防潮、绝缘电阻和电气强度、通断能力、正常操作、机械强度、耐燃。

9.2 理论知识要求

9.2.1 了解

(1)现行技术标准及规范：

《家用和类似用途固定式电气装置的开关　第 1 部分:通用要求》GB 16915.1—2003 ；

《家用和类似用途固定式电气装置的开关　第 2 部分:特殊要求　第 1 节:电子开关》GB 16915.2—2000；

《家用和类似用途固定式电气装置的开关　第 2 部分:特殊要求　第 2 节:遥控开关(RCS)》GB 16915.3—2000；

《家用和类似用途固定式电气装置的开关　第 2 部分:特殊要求　第 3 节:延时开关》GB 16915.4—2003。

(2)家用开关分类、标志、组成及用途。

9.2.2 熟悉

(1)检测参数技术指标及检样数量；

(2)各参数检测方法原理。

9.2.3 掌握

(1)各参数检测方法；

(2)试验结果的判定。

9.3 操作要求

9.3.1 了解

(1)各类检测仪器的性能、适用范围；

(2)各检测项目样品要求。

9.3.2 熟悉

(1)各类仪器设备操作步骤；

(2)检测环境要求；

(3)相关检测设备操作方法；

(4)各检测参数操作过程。

9.3.3 掌握

(1)各参数检测环境要求；

(2)各类插头插座结构形式；

(3)通断能力检测步骤；

(4)正常操作检测步骤；

(5)防潮检测步骤；

(6)机械强度检测步骤；

(7)电气强度检测步骤；

(8)耐燃检测步骤。

10 家用插头插座

10.1 考核参数

　　防潮、电气强度、分断容量、正常操作、拔出插座所需要的力、机械强度、耐燃。

10.2 理论知识要求

10.2.1 了解

　　(1)现行技术标准及规范：

　　《家用和类似用途单相插头插座型式、基本参数和尺寸》GB 1002—1996；

　　《家用和类似用途三相插头插座型式、基本参数与尺寸》GB 1003—1999；

　　《家用和类似用途插头插座　第一部分：通用要求》GB 2099.1—1996；

　　(2)家用插头插座种类、组成、标志及用途。

10.2.2 熟悉

　　(1)检测参数技术指标及检样数量；

　　(2)参数检测方法原理。

10.2.3 掌握

　　(1)各参数检测方法；

　　(2)试验结果的判定。

10.3 操作考核要求

10.3.1 了解

　　(1)各类检测仪器的性能、适用范围；

　　(2)各项目对样品要求。

10.3.2 熟悉

　　(1)各类仪器设备操作步骤；

　　(2)检测环境要求；

　　(3)检测参数操作过程。

10.3.3 掌握

　　(1)仪器设备标准方面相关知识；

　　(2)各参数检测环境要求；

　　(3)检测样品要求；

　　(4)分断容量检测步骤；

　　(5)正常操作检测步骤；

　　(6)拔出插座所需要的力检测步骤；

　　(7)防潮检测步骤；

　　(8)机械强度检测步骤；

　　(9)电气强度检测步骤；

　　(10)耐燃检测步骤。

第三章　建筑智能检测

1 通信网络系统和信息网络系统的检测

1.1 考核参数

　　视频输出电平、音频系统不平衡度、音频输出电平、声压级、频宽、直流电压、局内障碍率、局间接通率、数据误码率、传输信道速率、误比特率、网络设备连通性、子网间通信性能、路由检测、容错系统切换时间、信息安全的网络隔离性能、服务器、代理、网络管理、路由器、交换机、程控交换原理、限值。

1.2 理论知识要求

1.2.1 了解

　　（1）技术标准及规范：

　　《智能建筑设计标准》GB 50314—2006；

　　《固定电话交换设备安装工程验收规范》YD/T 5077—2005；

　　《卫星数字电视接收站测量方法——系统测量》GY/T 149—2000；

　　《有线电视系统工程技术规范》GB 50200—1994；

　　《会议电视系统工程验收规范》YD/T 5033—2005；

　　《基于以太网技术的局域网系统验收测评规范》GB/T 21671—2008。

　　（2）通信网络系统的基本概念、组成和分类。

　　（3）信息网络系统的基本概念、组成和分类。

1.2.2 熟悉

　　（1）技术标准及规范：

　　《智能建筑工程质量验收规范》GB 50339—2003；

　　《智能建筑工程检测规程》CECS 182：2005。

　　（2）通信网络系统所配置各智能化子系统的检测项目、要求和方法。

　　（3）信息网络系统所配置各智能化子系统的检测项目、要求和方法。

1.2.3 掌握

　　（1）所涉及的公式计算；

　　（2）修约规则、评测方法和依据。

1.3 操作考核要求

1.3.1 了解

　　（1）视频场强仪、音频信号发生器、视频信号发生器、音频分析仪、矢量示波器、声级计、模拟呼叫器、误码测试仪、智能网络分析仪的性能、适用范围及基本原理。

　　（2）检测程序及相关要求。

　　（3）各检测项目的环境条件要求。

1.3.2 熟悉

　　（1）检测抽样。

　　（2）检测工具、仪器的使用和操作。

　　（3）ping、tracert、ipconfig、arp 等 DOS 指令。

1.3.3 掌握

(1)各子系统的主观和功能检测方法。

(2)视频输出电平、音频系统不平衡度、音频输出电平、声压级、频宽、直流电压、局内障碍率、局间接通率、数据误码率、传输信道速率、误比特率、网络设备连通性、子网间通信性能、路由检测、容错系统切换时间、信息安全的网络隔离性能的检测方法。

2 综合布线系统检测

2.1 考核参数

连接图、长度、衰减、近端串扰(两端)、综合近端串扰、等效远端串扰、综合等效远端串扰、回波损耗、光纤连接损耗、光纤衰减、光回波损耗链路、链路模型、信道、布线图、拓扑结构、HDTDR 与 HDTDC、限值。

2.2 理论知识要求

2.2.1 了解

(1)技术标准及规范:

《智能建筑设计标准》GB/T 50314—2006;

《综合布线系统工程设计规范》GB 50311—2007;

《建筑电气工程施工质量验收规范》GB 50303—2002。

(2)验证检测与认证检测。

(3)综合布线系统的基本概念。

2.2.2 熟悉

(1)技术标准及规范:

《智能建筑工程质量验收规范》GB 50339—2003;

《综合布线系统工程验收规范》GB 50312—2007;

《智能建筑工程检测规程》CECS 182:2005。

(2)电、光缆的性能指标。

(3)综合布线系统性能检测项目与要求。

2.2.3 掌握

(1)所涉及的公式计算;

(2)综合布线系统链路测试及测试参数;

(3)修约规则、评测方法和依据。

2.3 操作考核要求

2.3.1 了解

(1)电缆测试仪、光缆测试仪的性能、适用范围;

(2)检测程序及相关要求;

(3)检测项目的环境条件要求。

2.3.2 熟悉

(1)检测抽样;

(2)检测工具、仪器的使用和操作。

2.3.3 掌握

(1)综合布线系统电气性能检测要求和方法;

(2)综合布线系统光缆性能检测;

(3)综合布线系统检测结果分析与处理。

3 智能化系统集成、电源与接地系统检测、环境系统检测

3.1 考核参数

　　网络服务器、网卡、通用路由器、交换机、软件、数据库、终端、虚拟专网、接口、网络设备连通性能、子网间的通信性能、访问控制、交流电压、频率、3 波形畸变率、绝缘电阻、接地电阻、耐压性能、导线截面积、设备噪声、地毯静电泄漏、室内噪声、CO 含量率、CO_2 含量率、温度、湿度、风速、光照度、电磁波场强、限值。

3.2 理论知识要求

3.2.1 了解

　　(1)技术标准及规范：

　　《智能建筑设计标准》GB/T 50314—2006；

　　《建筑电气工程施工质量验收规范》GB 50303—2002；

　　《建筑物防雷设计规范》GB 50057—1994；

　　《声环境质量标准》GB 3096—2008；

　　《环境电磁波卫生标准》GB 9175—1988；

　　《电磁辐射防护规定》GB 8702—1988。

　　(2) 系统集成工程检测的总体要求；

　　(3)电源与接地系统的基本常识，如不间断电源设备(UPS)，三相五线制 TN－S 系统等；

　　(4)环境系统的基本常识。

3.2.2 熟悉

　　(1)技术标准及规范：

　　《智能建筑工程质量验收规范》GB 50339—2003；

　　《智能建筑工程检测规程》CECS 182：2005。

　　(2) 智能化系统集成系统原理与检测原理；

　　(3)智能化系统的集成功能与各子系统间的协调控制能力；

　　(4)电源与接地检测检测项目、要求和方法；

　　(5)环境系统检测需检测的项目、要求和方法。

3.2.3 掌握

　　(1)所涉及的公式计算；

　　(2)修约规则、评测方法和依据。

3.3 操作考核要求

3.3.1 了解

　　(1)电源质量分析仪、绝缘电阻测试仪、接地电阻测试仪、直流耐压试验仪、交流耐压试验仪、游标卡尺、声级计、网络分析仪、表面电阻仪、声级计、CO 测量仪、CO_2 测量仪、温湿度计、风速计、照度计、电磁场强仪、频谱分析仪的性能适用范围及原理；

　　(2)检测程序及相关要求；

　　(3)各检测项目的环境条件要求。

3.3.2 熟悉

　　(1)检测抽样；

　　(2)系统集成综合管理及检测项目与要求；

　　(3)网络接口连接测试方法；

　　(4)检测工具、仪器、软件的使用和操作。

3.3.3 掌握

　　(1)系统集成网络连接检测的要求和检测方法。

（2）数据集成功能检测要求和检测方法。

（3）各子系统的主观和功能检测方法。

（4）网络设备连通性能、子网间的通信性能、交流电压、频率、3 波形畸变率、绝缘电阻、接地电阻、耐压性能、导线截面积、设备噪声、地毯静电泄漏、室内噪声、CO 含量率、CO_2 含量率、温度、湿度、风速、光照度、电磁波场强交流电压的检测方法。

4 建筑设备监控系统检测

4.1 考核参数

交流电压、交流电流、有功功率、无功功率、功率因素、光照度、响应时间、温度、湿度、风速、数字量输入信号（DI）、模拟量输入信号（AI）、数字量输出信号（DO）、模拟量输出信号（AO）、系统实时性（采样速度、响应时间、报警信号的响应速度）、系统可维护性（应用软件的在线编程修改功能、故障自检测功能）、系统可靠性、限值。

4.2 理论知识要求

4.2.1 了解

（1）技术标准及规范：

《智能建筑设计标准》GB/T 50314—2006；

《建筑电气工程施工质量验收规范》GB 50303—2002；

（2）建筑设备监控系统常用的总线系统。

（3）传感器、变频器的性能参数。

（4）建筑设备监控系统的基本概念、组成和分类。

4.2.2 熟悉

（1）技术标准及规范：

《智能建筑工程质量验收规范》GB 50339—2003；

《智能建筑工程检测规程》CECS 182：2005。

（2）建筑设备监控系统的控制对象：如空调与通风、变配电、照明、给水排水、热源与热交换、冷冻和冷却及电梯和自动扶梯；

（3）系统基本控制原理；

（4）建筑设备监控系统所配置各智能化子系统的检测项目、要求和方法。

4.2.3 掌握

（1）所涉及的公式计算；

（2）修约规则、评测方法和依据。

4.3 操作考核要求

4.3.1 了解

（1）电源质量分析仪、温湿度计、风速计、照度计、秒表的性能、适用范围及原理；

（2）检测程序及相关要求；

（3）各检测项目的环境条件要求。

4.3.2 熟悉

（1）检测抽样；

（2）检测工具、仪器的使用和操作。

4.3.3 掌握

（1）各子系统的主观和功能检测方法；

（2）交流电压、交流电流、有功功率、无功功率、功率因素、光照度、响应时间、温度、湿度、风速的检测方法。

5 安全防范系统检测

5.1 考核参数

　　响应时间、报警声级、视频信号质量(含摄像机水平清晰度、灰度、最低照度)、图像质量(5级评分制)、限值。

5.2 理论知识要求

5.2.1 了解

　　(1)技术标准及规范:

　　《智能建筑设计标准》GB/T 50314—2006;

　　《入侵报警系统技术要求》GA/T 368—2001;

　　《民用闭路监视电视系统工程技术规范》GB 50198—1994;

　　《彩色电视图像质量主观评价方法》GB/T 7401—1987;

　　《建筑电气工程施工质量验收规范》GB 50303—2002。

　　(2)摄像头的性能指标;

　　(3)安全防范系统的基本概念、组成和分类。

5.2.2 熟悉

　　(1)技术标准及规范:

　　《智能建筑工程质量验收规范》GB 50339—2003;

　　《智能建筑工程检测规程》CECS 182:2005;

　　《安全防范工程技术规范》GB 50348—2004;

　　(2)安全防范系统所配置各智能化子系统的检测项目、要求和方法。

5.2.3 掌握

　　(1)所涉及的公式计算;

　　(2)修约规则、评测方法和依据。

5.3 操作考核要求

5.3.1 了解

　　(1)电源质量分析仪、声级计、秒表、视频场强仪、视频信号发生器、示波器、水平清晰度卡、照度计的性能、适用范围及原理;

　　(2)检测程序及相关要求;

　　(3)各检测项目的环境条件要求。

5.3.2 熟悉

　　(1)检测抽样;

　　(2)检测工具、仪器的使用和操作。

5.3.3 掌握

　　(1)各子系统的主观和功能检测方法;

　　(2)响应时间、报警声级、视频信号质量、图像质量的检测方法。

6 住宅智能化系统检测

6.1 考核参数

　　综合布线性能、视频监控、入侵报警、出入口控制、巡更管理、停车场(库)管理、访客对讲、智能卡、限值、家庭控制器、设备监控、物业管理。

6.2 理论知识要求

6.2.1 了解

　　(1)技术标准及规范:

《智能建筑设计标准》GB50314—2006；

(2)住宅小区智能化的基本概念、组成和分类。

6.2.2 熟悉

(1)技术标准及规范：

《智能建筑工程质量验收规范》GB 50339—2003；

《智能建筑工程检测规程》CECS 182:2005。

(2)住宅小区所配置各智能化系统的检测内容和方法。

6.2.3 掌握

(1)所涉及的公式计算；

(2)智能小区特有安全防范系统检测要求与项目；

(3)修约规则和评测方法和依据。

6.3 操作考核要求

6.3.1 了解

(1)视频场强仪、信号发生器、示波器、音频分析仪、音频信号发生器、声级计、电源质量分析仪、绝缘电阻测试仪、接地电阻测试仪、智能网络分析仪、数字电缆测试仪、照度计的性能、适用范围及原理；

(2)检测程序及试验要求；

(3)各检测项目的环境条件要求。

6.3.2 熟悉

(1)检测抽样；

(2)检测工具、仪器的使用和操作。

6.3.3 掌握

(1)住宅智能化系统各子系统的主观和功能检测方法；

(2)家庭控制器检测项目要求与检测方法。